Juniel Lucidos

Quebra da dormência do bolbo e fisiologia da floração de Lilium hansonii

Juniel Lucidos

Quebra da dormência do bolbo e fisiologia da floração de Lilium hansonii

ScienciaScripts

Imprint

Cover image: www.ingimage.com

This book is a translation from the original published under ISBN 978-3-659-83046-4.

Publisher:
Sciencia Scripts
is a trademark of
Dodo Books Indian Ocean Ltd. and OmniScriptum S.R.L publishing group

120 High Road, East Finchley, London, N2 9ED, United Kingdom
Str. Armeneasca 28/1, office 1, Chisinau MD-2012, Republic of Moldova, Europe
Printed at: see last page
ISBN: 978-620-8-23033-3

Índice:

Dedicação

Este livro é dedicado de coração à minha mãe, Sra. Nena G. Lucidos, e ao meu pai, Sr. Noel G. Lucidos (+). Eles serviram-me de inspiração para terminar este livro e espero que possa ser utilizado por outros investigadores no domínio da horticultura, especificamente na dormência dos bolbos e na fisiologia das flores.

Agradecimentos

A realização de estudos de pós-graduação no estrangeiro é simultaneamente uma oportunidade e um desafio. É uma oportunidade porque se pode aprender tecnologias avançadas, modernas e novas, especialmente no domínio da agricultura. Ao mesmo tempo, é um desafio porque temos de nos adaptar a um novo ambiente, a uma cultura diferente, a personalidades diversas e às saudades de casa que temos de ultrapassar. Mas estou grato a Deus e às pessoas que me apoiaram para perseguir este sonho e conseguir sobreviver aos desafios que encontrei pelo caminho aqui na Coreia do Sul. Este manuscrito de tese não será uma realidade sem o esforço coletivo das pessoas que me rodeiam.

Em primeiro lugar e acima de tudo, estou a dar glória ao nosso **Deus** todo-poderoso por me ter dado esta oportunidade e por ter estado presente em cada passo do caminho, especialmente nos momentos de saudades de casa e nas minhas lutas como estudante. Obrigado pelo amor, proteção, orientação, sabedoria e conforto.

Ao meu querido professor, **Dr. Ki-Byung Lim**, os meus sinceros agradecimentos por me ter aceite estudar no seu laboratório, o Laboratório de Ciências da Floricultura. Obrigada por me ter pacientemente ensinado e orientado em tudo o que fiz, especialmente no que diz respeito às minhas experiências.

Aos meus membros do painel, **Professor Byung-Soo Kim** e **Professor Chang-Kil Kim**, agradeço as críticas construtivas, as sugestões e a revisão cuidadosa do meu manuscrito de tese.

Os meus sinceros agradecimentos à **Professora Yoon-Jung Hwang** pela orientação, por me ajudar nas minhas experiências, pelas traduções coreano-inglês e por ser uma irmã para mim. Agradeço também ao **Professor Younis Adnan** (Paquistão) por ter revisto o meu manuscrito.

Ao **Dr. Renato Mabesa**, o meu conselheiro universitário na Universidade das Filipinas em Los Baños, e ao **Sr. Jin-Kyu Choi,** obrigado por me terem recomendado e ajudado durante o meu processo de candidatura.

Aos membros do Laboratório de Ciências da Floricultura, **Park Ji-Hyang** (responsável pelo laboratório), **Ryu Kwang-Bok**, **Shim Sung-Im**, **Jang Tae-Kyung**, **Bae Song-Hwan** e a todos os estudantes de licenciatura, obrigado por toda a ajuda, especialmente no trabalho na estufa e durante as segundas-feiras de cócegas no cérebro na nossa reunião de laboratório ©. Aos meus finalistas, **Song Chang Min**, **Park Jong Taek** e **Lee Hyung Il**, obrigado por toda a ajuda, orientação e pelas memórias que tivemos na estufa.

Aos meus colegas estudantes internacionais do departamento de horticultura, **Aung Htay Naing** (Myanmar), **Hong Yun** (China), **Narayan Busal** (Nepal), **Papa** (Myanmar), **Ai** (Vietname), **Irfan Saddique** (Paquistão), **Kaori** (Japão) e **Mahesh Chhteri** (Nepal), obrigado pela amizade e pelas histórias eternas de sucesso e dificuldades enquanto estudavam aqui na Coreia.

Aos verdadeiros amigos que conheci aqui na universidade, os meus colegas bolseiros Pinoy **Marilyn**, **Boneks, Josh, Roy e Ate Malou**, e a **Sveta** (Quirguizistão), obrigado por todas as gargalhadas e por tornarem sempre a minha estadia aqui memorável. Aos meus amigos coreanos, **Hong-Su Shim**, **In Lee**, **Moo Sang Cha**, **Heeju Han** e **So Young Kim**, obrigada por serem os meus tradutores de coreano e por serem verdadeiros amigos. Às minhas melhores amigas, **Marianne** e **Valnie**, obrigada por arranjarem tempo para falar comigo e pelas histórias eternas, graças ao viber também©. E também um milhão de agradecimentos aos meus amigos aqui em Daegu, **Ma'am Jho**, **Ate Bea**, **Kuya Rico**, **Ate Jackie**, **Kuya Carlo**, **Kuya Zaldy**, **Kuya Dax** e **Kuya Jojit**, obrigado pelos conselhos, pelas gargalhadas e pelos momentos felizes que passámos juntos. Vemo-nos em Pinas ©

Estou também grata à minha família, especialmente às minhas tias e prima, **Mama We**, **Mama Mel**,

À tia Nomie, à **Mamã Te**, à **Mamã Ly**, à Mamã **Let**, à Mamã **Bing** e **à Mamã Joy**, por me encorajarem e acreditarem sempre nas minhas capacidades e que sou capaz de o fazer. Às minhas irmãs, **Ate Jenny** e **Ate Nonon**, ao meu irmão, **Kuya Jig**, e ao meu sobrinho **DeeJay**, pelas orações e pelo apoio que me deram. E também à **Ate Neneng Galindez** em Daejeon, obrigado por toda a ajuda em termos das minhas dificuldades financeiras e emocionais encontradas durante a minha estadia de 2 anos aqui na Coreia do Sul.

Aos meus pais, **papá** e **mamã**, o meu diploma e as minhas realizações são dedicados a ambos. Não conseguiria fazer isto sem a combinação dos vossos genes©. Especialmente à mamã, que está sempre presente em todos os momentos e que sempre me apoiou nas minhas decisões relativamente aos meus estudos e à minha carreira.

Introdução geral

Lilium

Mais de 7000 cultivares de lírios foram registadas desde 1960 (Leslie 1982). Cerca de 100 espécies do género *Lilium* estão distribuídas nas áreas montanhosas do Hemisfério Norte, especificamente na Ásia, América do Norte e Europa. Os três grupos híbridos mais importantes para flores de corte e plantas em vaso são os híbridos *Longiflorum*, os híbridos asiáticos e os híbridos orientais (Lim, 2000). Diz-se que o *género Lilium* é originário do país diversificado da Coreia e de algumas áreas da Manchúria (Lighty, 1969). O género *Lilium* está dividido em sete secções, nomeadamente Archelirion, Leucolirion, Oxypetalum, Pseudolirium, Lilium, Sinomartagon e Martagon. Esta classificação baseia-se em quinze caraterísticas morfológicas e fisiológicas, tal como referido por diferentes investigadores (Comber, 1949; Lighty, 1968; De Jong, 1974).

Na Coreia, cerca de 12 espécies nativas de *Lilium* estão localizadas e distribuídas nas zonas montanhosas do país. (Lighty, 1969; The genera of vascular plants of Korea, 2007; Hwang, 2009). Uma destas espécies é *Lilium hansonii* que pertence à secção Martagon da família Liliaceae juntamente com *Lilium tsingtauense* e *L. distichum.* Diz-se que as espécies da secção Martagon, especialmente *L. hansonii*, são as espécies mais primitivas do género *Lilium* (Lighty, 1969; Kim e Lee, 1990; Van Tuyl et al., 2011). Na Coreia, *L. hansonii* é endémica das zonas montanhosas da ilha de Ulleung (círculo vermelho), como ilustrado na Figura 1 (Fox, 2006). Esta espécie cresce normalmente em solos alcalinos com húmus, a uma altitude de 200-300 metros acima do nível do mar, sob vegetação caducifólia e perene (Van Tuyl et al., 2011). Os bolbos destas espécies têm geralmente uma forma ovoide-globular ou sub-globular com escamas de bolbo branco-amareladas. Geralmente, tem muitas flores com manchas castanhas, longa vida de vaso, com fragrância e caule curto (Lim et al., 2006). Os bolbos ficam geralmente dormentes durante o inverno e o verão quente e seco, em que o crescimento, o desenvolvimento e as actividades físicas são temporariamente interrompidos (Vegis, 1964).

Figura 1. Distribuição de *Lilium hansonii* na Coreia

Dormência do bolbo

A dormência é um período do ciclo de vida das plantas em que o crescimento, o desenvolvimento e as actividades físicas são temporariamente interrompidos. Isto minimiza as actividades metabólicas e, por conseguinte, ajuda a planta a conservar energia. Também está intimamente associada às condições ambientais, como o verão quente e seco e o inverno frio (Vegis, 1964). As plantas sincronizam a entrada numa fase de dormência com o seu ambiente através de meios preditivos ou consequentes. A dormência preditiva ocorre quando uma planta entra numa fase de dormência antes do início de condições adversas ou desfavoráveis, enquanto que a dormência consequente ocorre quando uma planta entra numa fase de dormência depois de passar por condições desfavoráveis. Sementes dormentes ou outros órgãos de propagação de plantas, tais como bolbos, não têm crescimento visível (Juntilla, 1988). A dormência dos bolbos e dos cormos foi classificada em três grupos diferentes, em que as espécies de Martagon pertencem ao "tipo lírio", que tem uma "verdadeira dormência fisiológica", em que tem um período relativamente longo durante o qual a diferenciação de novos órgãos, bem como o seu alongamento, são totalmente interrompidos (Kamerbeek et al, 1972). A dormência bloqueia a germinação nas sementes e a germinação nos bolbos, mas os princípios por detrás desta atividade ainda não foram claramente explicados (Bewley, 1997). A dormência dos bolbos é considerada como uma forma de dormência dos gomos (Nitsch,

1971). Noutras espécies de plantas, a dormência dos botões é quebrada pelo fotoperíodo ou por um período de arrefecimento (Vegis, 1964; Wareing e Phillips, 1970). É geralmente assumido que o armazenamento dos bolbos a baixa temperatura (geralmente cerca de 4°C) aumenta ou desencadeia a produção de promotores e/ou diminui os inibidores de crescimento (Wang e Roberts, 1970). Foram aplicadas várias formas e abordagens para quebrar a dormência dos bolbos em diferentes condições ambientais.

Os principais factores que intervêm no desenvolvimento e quebra da dormência são a temperatura, o nível de hidratos de carbono e as hormonas de crescimento das plantas (Aguettaz et al, 1990; Kim et al., 1994). A duração necessária da exposição a baixas temperaturas para induzir 100% de brotação depende do nível de dormência dos bolbos (Delvallee et al., 1990; De Klerk et al, 1992; Langens-Gerrits et al., 2001). A baixa temperatura promove a translocação de giberelina e substâncias semelhantes à auxina das escamas do bolbo para o ápice do rebento (Rodrigues-Pereira, 1964). A temperatura também afecta a iniciação e o desenvolvimento das flores nas plantas bolbosas (Hartsema, 1961).

Desenvolvimento do botão floral

O processo de floração envolve cinco etapas sucessivas, começando pela indução do botão floral, seguida da iniciação do botão floral, depois a diferenciação da flor (organogénese que envolve a diferenciação das partes florais), a maturação do botão floral e o crescimento das partes florais, sendo a última a antese ou o período de floração. As etapas sucessivas são mais ou menos fáceis de separar, mas o conhecimento dos factores que as controlam e a determinação do período do ciclo de crescimento durante o qual têm lugar no bolbo são essenciais (De Hertogh e Le Nard, 1993). Nas plantas bolbosas, as fases de iniciação e de desenvolvimento da flor são divididas em 12 fases de desenvolvimento; I- Meristema vegetativo (fase de formação da folha), II- Transição para a iniciação floral (domificação do meristema), Pr- Primeira flor primordial visível (para bolbos com múltiplas flores como Hyacinthus e *Liliums*), Br- Flores com brácteas (folhas especializadas em *Liliums*), Bo- Brácteas secundárias (*Liliums*), P1- 1st verticilo do perianto, P2- 2nd verticilo do perianto, A1- 1st

conjunto de androecium, A2- 2nd conjunto de androecium, e a fase G- Formação do gineceu (Beyer, 1942). A figura 2 mostra o desenvolvimento do botão floral em *Lilium longiflorum* Thunb. (De Hertogh, 1996). A diferença entre a iniciação floral e a diferenciação é um pouco arbitrária porque a mudança de uma fase para outra é contínua. Segundo Hartsema (1961), Blaauw e os seus colaboradores demonstraram que a iniciação floral ocorre em diferentes épocas do ano e em diferentes fases do desenvolvimento dos bolbos. Identificaram sete tipos diferentes de épocas de iniciação floral. Em *Lilium*, a iniciação dos botões florais começa durante ou perto do fim do período de armazenamento, mas tem de ser completada após a plantação ou a emergência dos rebentos.

Para além do período de formação das flores, é também importante conhecer a ordem de diferenciação dos diferentes órgãos das plantas. A ordem de diferenciação das flores divide-se em sinanthosa e histeranthosa. O sinantismo ocorre geralmente quando as folhas se diferenciam antes das partes florais, enquanto o histerismo ocorre quando o botão floral se inicia antes dos botões vegetativos que produzem as folhas (De Hertogh e Le Nard, 1993). A temperatura é um dos factores ambientais mais importantes que regulam o início da floração nos lírios. Acredita-se que os lírios da Páscoa e alguns lírios híbridos requerem um período de baixa temperatura (vernalização) para florescer (Stuart, 1946; Wilkins, 1980; McKenzie, 1989; De Hertogh e Le Nard, 1993). No entanto, nem a gama de temperaturas baixas nem a altura em que ocorre o início da floração foram claramente estabelecidas para a maioria dos lírios híbridos. Alguns híbridos asiáticos iniciaram as suas flores antes de serem colhidos ou até ao fim da armazenagem frigorífica (Ohkawa et al., 1990).

Nesta experiência, foram utilizadas diferentes temperaturas diurnas e nocturnas para identificar a temperatura óptima que afecta o potencial máximo de desenvolvimento da formação de botões florais, flores de boa qualidade e para minimizar o aborto de botões florais em *L. hansonii*.

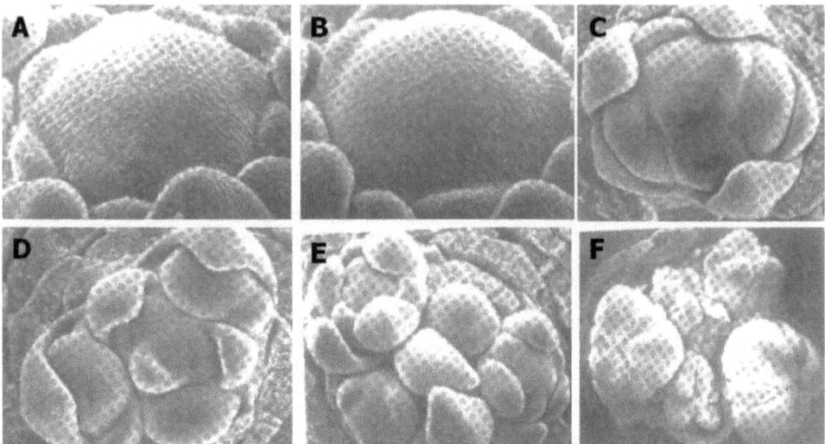

Figura 2. Desenvolvimento do meristema apical do rebento de *L. longiflorum* Thunb. "Ace" desde a fase vegetativa até à fase inicial de maturação floral. A. meristema vegetativo, B. meristema pré-floral, C. meristema reprodutivo (4 regiões florais primordiais visíveis), D. meristema reprodutivo (5 botões florais formados com o mais avançado (inferior esquerdo) no estádio P1), E. meristema reprodutivo (4 botões florais visíveis com o mais avançado (superior esquerdo) no estádio A1-2. F. meristema reprodutivo (6 botões florais visíveis com o mais avançado (inferior direito) no estádio de desenvolvimento pós "G" (De Hertogh, 1996).

Âmbito do estudo

Este estudo foi realizado com o objetivo de:

a. Determinar a condição óptima de armazenamento para a quebra de dormência dos bolbos *de Lilium hansonii.*

b. Identificar os efeitos do tratamento a baixa temperatura com imersão em água quente na quebra da dormência dos bolbos e desenvolvimentos posteriores.

c. Identificar o início e o desenvolvimento dos botões florais em resposta à temperatura.

d. Identificar as condições ambientais óptimas após a emergência dos rebentos no desenvolvimento dos botões florais de *L. hansonii*, afectadas por diferentes temperaturas diurnas e nocturnas.

Capítulo 1 **Determinação das condições óptimas para quebrar a dormência dos bolbos do lírio Hanson "*Lilium hansonii***

Capítulo 2 **Respostas termomorfogénicas no crescimento e floração do lírio Hanson *'Lilium hansonii'* em resposta a diferentes temperaturas diurnas e nocturnas**

Capítulo I

Determinação das condições óptimas para quebrar a dormência dos bolbos do lírio Hanson "*Lilium hansonii*

Resumo. Esta investigação foi realizada para determinar o tratamento ótimo a baixa temperatura e os efeitos aditivos da imersão em água quente para superar a dormência dos bolbos do lírio Hanson "*Lilium hansonii*". Os bolbos foram refrigerados a 1 °C, 4 °C e 7 °C durante 35, 50 e 65 dias. Antes da experiência, os bolbos foram inicialmente observados e ainda não havia formação de botões florais. Como tratamento de controlo, os bolbos foram plantados diretamente sem qualquer tratamento com água fria ou quente. Após o período de tratamento, os bolbos foram então plantados na estufa. Foram medidos e registados diferentes parâmetros, tais como dias até à emergência, percentagem de emergência, altura da planta (cm), número de folhas, número de botões florais formados e dias até à floração. Os resultados actuais mostraram que os bolbos embebidos em água quente (45° C) durante 1 hora e armazenados a 4 C durante 65 dias emergiram um dia mais cedo do que a 4 V durante 65 dias (sem tratamento com água quente)

e foram significativamente diferentes entre si. Os bolbos tratados com água quente + 4°C durante 65 dias tiveram a maior percentagem de emergência em comparação com 4V durante 65 dias apenas, controlo e outros tratamentos. Foi registado que os bolbos armazenados a 4V durante 65 dias (sem tratamento com água quente) apresentaram alongamento do caule e produziram um maior número de folhas em comparação com os bolbos tratados com água quente. Com base na análise estatística, o tratamento com água quente teve um efeito aditivo na quebra da dormência dos bolbos em *L. hansonii*, particularmente nos dias até à emergência, promovendo a emergência mais precoce dos rebentos quando comparado com o tratamento sem água quente.

Introdução

Nos habitats nativos de *Lilium*, estes têm de se submeter a uma vasta gama de condições climáticas, como mudanças sazonais de temperatura, precipitação, irradiação diária, bem como fotoperíodo. Em áreas com mudanças climáticas adversas, os bolbos desenvolveram mecanismos para sobreviver em tais condições constituídas por temperaturas baixas ou altas e/ou seca. A dormência pelo frio é um mecanismo em que os bolbos desenvolvem um estado de repouso, no qual não apresentam qualquer crescimento externo visível (De Hertogh e Le Nard, 1993). Diz-se que a dormência é um estado fisiológico, morfológico e bioquímico complexo e dinâmico durante o qual não há mudanças morfológicas externas aparentes ou crescimento (Kamenetsky, (Comunicação Pessoal), 1992). Lang et al., (1987) também definiram a dormência como uma suspensão temporária do crescimento visível de qualquer estrutura vegetal que contenha um meristema. A temperatura provou ser um fator importante que afecta o crescimento dos bolbos, e causa a aceleração ou o atraso no desenvolvimento. No caso de plantas bulbosas como o gladíolo, a íris holandesa, o *Lilium longiflorum* e *a tulipa,* a temperatura a que os bolbos são expostos durante a sua fase de crescimento pode afetar o seu estado fisiológico na colheita (De Hertogh e Le Nard, 1993). Foram aplicados diferentes métodos e abordagens para quebrar a dormência dos bolbos em diferentes condições ambientais. No Japão, a temperatura mais adequada para a forçagem precoce das tulipas foi de 2° C, com uma exposição de sete a oito semanas, enquanto que em

Nos Países Baixos, a temperatura óptima para a forçagem precoce das tulipas era de cerca de 9° C (Hartsema et.al, 1930). Nos lírios, a temperatura recomendada para quebrar a dormência dos bolbos é de 4° C, mas a duração exacta da exposição não é claramente indicada (Langens-Gerrits et.al, 2003).

Na presente experiência, foram determinadas as condições óptimas de armazenamento em relação à quebra de dormência do bolbo do lírio Hanson e a sua resposta a diferentes temperaturas e durações de armazenamento em termos de caraterísticas morfológicas e fisiológicas. Os resultados desta experiência servirão de referência para futuras investigações relacionadas com o cultivo e a fisiologia do *lírio.*

Materiais e métodos

Material vegetal

Os bolbos de *L. hansonii* foram recolhidos na ilha de Ulleung, Coreia, em setembro de 2011. Os bolbos foram inicialmente medidos com base na sua circunferência (cm), no número médio de escamas do bolbo, no tamanho do nariz (mm), no número de escamas folhosas e na formação de botões florais, observando-os ao microscópio de luz e validando-os através da observação ao microscópio eletrónico de varrimento. Nesta experiência, foram utilizados bolbos com uma circunferência uniforme (11,4 cm) para obter resultados exactos.

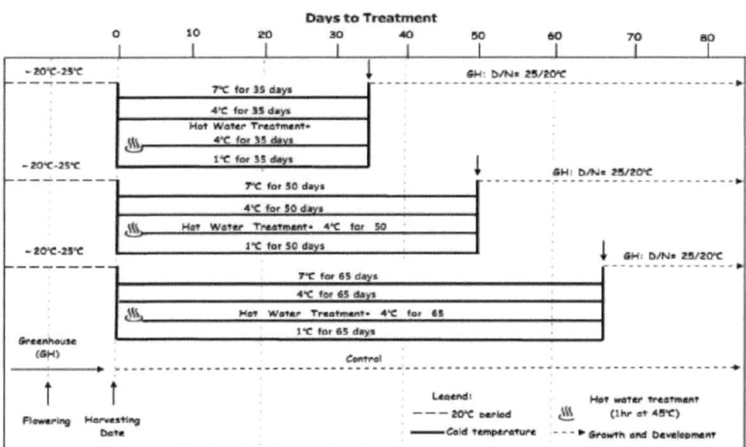

Figura 3. Diagrama da metodologia de tratamento a quente e a baixa temperatura

Tratamento a baixa temperatura e imersão em água quente

Os bolbos de tamanho uniforme foram expostos a diferentes temperaturas baixas, isto é, 1°C, 4°C e 7C durante

35, 50 e 65 dias. Cada tratamento foi repetido três vezes, com 3 bolbos por repetição. Os bolbos foram embalados em plástico zip lock de polietileno cheio de turfa húmida. Para os tratamentos de imersão em água quente, os bolbos Hanson foram primeiro imersos em água quente a 45C durante 1 hora e depois armazenados a 4C durante 35, 50 e 65 dias. Para o tratamento de controlo, os bolbos

foram plantados diretamente sem qualquer tratamento. Depois de satisfazer

Após os tratamentos de temperatura e duração necessários, os bolbos foram depois plantados em vasos cheios de mistura de solo comercial esterilizado e vermiculite com uma profundidade de plantação de cerca de 5-10 cm. As plantas foram mantidas e geridas dentro da estufa para a emergência, crescimento vegetativo e desenvolvimento reprodutivo, mantendo a temperatura de 25/20° C (dia/noite). O diagrama detalhado da metodologia desta experiência é apresentado na Figura 3.

Recolha de dados

Após a plantação, as plantas foram observadas diariamente e os dados de emergência foram registados. A percentagem de emergência em todos os tratamentos também foi medida em resposta às diferentes temperaturas baixas e à duração da exposição.

As caraterísticas vegetativas, como a altura da planta e o número de folhas desenvolvidas, também foram medidas em cada tratamento. A altura da planta foi medida a partir do caule basal até a extremidade basal dos anexos do botão floral usando uma vara de medição. As folhas desenvolvidas foram contadas em todas as partes das plantas, incluindo as folhas abaixo do 1st whorl pattern, 1st whorl leaf (Layer 1), entre o 1st e o 2nd whorl pattern, e o 2nd whorl (Layer 2) leaf pattern.

Foram também recolhidos dados relativos aos parâmetros reprodutivos, em que a data de floração e o número de botões florais formados foram medidos em resposta a diferentes temperaturas baixas e em relação à quebra de dormência dos bolbos. Também se registou se o tratamento com água quente tem ou não algum efeito aditivo na formação dos botões florais e na floração do lírio Hanson.

Análise estatística

Para validar se todos os dados, incluindo dias para a emergência, porcentagem de emergência, altura da planta, número de folhas, número de botões florais formados e dias para a floração, são estatisticamente significativos ou não em resposta a diferentes temperaturas baixas e duração da exposição, o teste de Duncan de intervalo múltiplo (DMRT) atp $< 0,05$ com SPSS versão 19.0 (SPSS Inc., EUA) foi usado neste experimento.

Resultados

Neste experimento, foram observadas caraterísticas vegetativas e reprodutivas como dias para emergência, porcentagem de emergência, altura da planta e número de folhas, número de botões florais formados e dias para a floração. Antes do tratamento, os bulbos foram inicialmente verificados e apresentados na Tabela 1.

Tabela 1. Estado dos materiais dos bolbos antes do tratamento

Tamanho médio da lâmpada (cm)	N.º de escala	Tamanho do nariz (mm)	N.º de folhas formadas	Iniciação do botão floral
11.4	42	16.7	13.3	Não

Quadro 2. Efeitos do tratamento com água fria e quente nos dias até à emergência e na percentagem de emergência de *L. hansonii*

Temperatura (C	Duração da armazenagem (dias)	Imersão em água quente	Dias para a emergência	Percentagem de emergência
Controlo	-	N	47.8k	51.7e
	35	N	32.7i	70.3c
1	50	N	28.2g	85.1cd
	65	N	16.5e	88.0b
	35	N	30.3h	74.0bc
4	50	N	16.3e	88.4a
	65	N	10.3b	88.8a
	35	N	35.4j	59.2e
7	50	N	23.2f	74.0bc
	65	N	15.6e	85.1cd
	35	Y	14.0d	88.8a
4	50	Y	12.8c	92.5a
	65	Y	9.5a	96.2a

*As médias com as mesmas letras não são significativamente diferentes pelo teste de intervalo múltiplo de Duncan (DMRT) a $p < 0,05$

Efeitos dos tratamentos com água fria e quente na emergência

A quebra de dormência dos bolbos ocorreu no momento em que os rebentos foram observados acima do solo, ou seja, na chamada emergência. A eficácia de uma temperatura baixa específica durante um certo período foi determinada no momento da emergência. No presente estudo, observou-se que os bolbos pré-tratados com água quente e depois expostos a 4°C durante 65 dias tiveram uma média de dias para a emergência de 9,5±0,4, tendo emergido mais cedo em comparação com o controlo e outros tratamentos. Os bolbos expostos a 4° C durante 65 dias sem pré-tratamento com água quente emergiram em 10,3±0,3 dias após a plantação, emergindo 1 dia mais tarde do que com o tratamento com água quente. Comparando os tratamentos a 4° C com ou sem pré-tratamento com água quente, verificou-se que os tratamentos com pré-tratamento com água quente, independentemente da duração do tratamento a frio a 4° C, emergiram mais cedo do que os tratamentos sem pré-tratamento com água quente, o que foi significativamente diferente, de acordo com a análise do teste de Duncan de intervalos múltiplos (DMRT). Isto significa apenas que a água quente teve um efeito aditivo nos dias para a emergência de *L. hansonii, acelerando* assim a quebra da dormência do bolbo. Uma temperatura inferior ou superior a 4° C atrasou a emergência de rebentos de bolbos *de L. hansonii.*

O número total de bolbos germinados foi contado para conhecer a percentagem de emergência dos bolbos expostos a diferentes tratamentos. Neste caso, a maior percentagem de emergência foi registada nos bolbos pré-tratados com água quente e depois armazenados a 4° C durante 65 dias, com 96,2%, seguidos de 4° C durante 50 dias (com água quente

água quente) com 92,5% de emergência, e 4° C durante 65 dias (sem água quente) com 88,8% de emergência, mas as diferenças não foram significativas entre si porque os tratamentos sem água quente ainda germinaram, mas em dias mais tardios em comparação com os bolbos tratados com água quente. Todos os outros tratamentos expostos a diferentes temperaturas e tratamentos com água quente durante um determinado período de tempo tiveram uma percentagem de emergência mais elevada em comparação com o controlo, que só teve 51,7%.

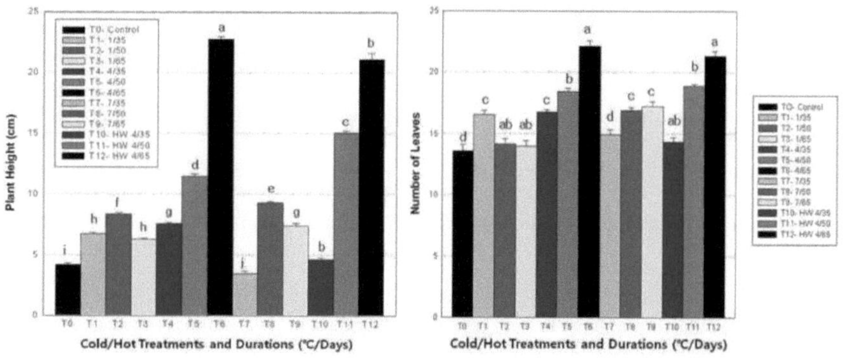

Figura 4. Altura da planta e número de folhas de L. hansonii em resposta a diferentes tratamentos. *Teste de alcance múltiplo de Duncan (DMRT) a p < 0,05

Efeitos dos tratamentos com água fria e quente na altura das plantas e no número de folhas

Os bolbos expostos a 4° C durante 65 dias (sem água quente) promoveram o alongamento do caule com uma altura média da planta de 22,8±0,4cm, seguido de 4°C durante 65 dias (com água quente) com 21,1±0,5cm de altura da planta, em comparação com o controlo com apenas 4,2±0,1cm de altura e não promoveram de todo o alongamento do caule (Figura 4). Neste caso, ambos os tratamentos expostos a 4V durante 65 dias (com e sem água quente) promoveram o maior alongamento do caule em comparação com o controlo e outros tratamentos e foram significativamente diferentes entre si. Todos os tratamentos expostos ao frio apresentaram maior altura de planta em comparação com o controlo. Isto apenas mostrou que todos os tratamentos expostos a baixas temperaturas promoveram o alongamento do caule. No caso do número de folhas desenvolvidas, mais uma vez os bolbos que foram expostos a 4V durante 65 dias (sem água quente) desenvolveram um maior número de folhas contidas em padrões de folhas de 2 verticilos que tinham 22±0,8 folhas, seguidos de 4V durante 65 dias (com água quente) com um número médio de folhas de 21,3±0,4 em comparação com o controlo com apenas 13,6±0,5. Os resultados mostraram que as diferenças entre os tratamentos com e sem tratamento com água quente não foram significativas entre si. Outros tratamentos tinham apenas um padrão de espiral, especialmente as plantas que não induziram o alongamento do caule. Todos os tratamentos apresentaram um maior número de folhas em comparação com o controlo.

Desenvolvimento do botão floral

Conforme ilustrado no quadro 3 e na figura 5, o número de botões florais formados e a data de floração da primeira flor foram registados em resposta às diferentes temperaturas baixas e à duração das exposições para quebrar a dormência dos bolbos e a sua relação com a floração do lírio Hanson.

Quadro 3. Efeitos dos tratamentos com água fria e quente no número de botões florais formados e nos dias de floração de *L. hansonii.*

Temperatura (C	Duração da armazenagem (dias)	Imersão em água quente	Número de botões florais	Dias até à floração
Controlo	-	N	-	-
	35	N	-	-
1	50	N	1.0b	99.6b
	65	N	1.1b	99.3b
	35	N	0,6ab	112.6b
4	50	N	1.3b	108.3b
	65	N	4.0a	90.0a
	35	N	-	-
7	50	N	-	-
	65	N	-	-
	35	Y	1.0b	112.3b
4	50	Y	1.3b	108.3b
	65	Y	4.0a	103.3b

*As médias com as mesmas letras não são significativamente diferentes pelo teste de intervalo múltiplo de Duncan (DMRT) a $p < 0,05$

Figura 5. Comparação do crescimento e desenvolvimento da planta após tratamento a frio de *L. hansonii*. A. 4°C durante 65 dias, B. Água quente+ 4°C durante 65 dias, C e D. Controlo, E. Flor de água quente+ 4°C durante 65 dias.

Nesta experiência, tanto o 4C durante 65 dias (sem tratamento com água quente) como o 4C durante 65 dias (com tratamento com água quente) produziram 4 botões de flores, mas apresentaram um comportamento não significativo entre si, enquanto os tratamentos 1C, 7C e o controlo não formaram qualquer botão de flor. Em termos de dias para a floração, 4C durante 65 dias (sem tratamento com água quente) floresce mais cedo do que 4°C 65 dias (com tratamento com água quente) com cerca de 90 dias e 103 dias respetivamente e é significativamente diferente um do outro. Embora o tratamento sem água quente floresça mais cedo, o tempo de floração, independentemente da duração do armazenamento, não foi sincronizado, enquanto que o tratamento com água quente, embora atrase a floração, o tempo de floração foi sincronizado, independentemente da duração do armazenamento dos bolbos. Isto mostrou que o tratamento com água quente não teve efeito na formação de botões florais, mas atrasou e sincronizou o tempo de floração em *L. hansonii*.

Discussão

Os diferentes factores que podem estar envolvidos na quebra de dormência dos bolbos incluem as hormonas de crescimento das plantas, o conteúdo de hidratos de carbono (Langens-Gerrits et al., 2003) e a temperatura (Aguettaz et.al., 1990; Delvallee et.al., 1990; Kim et.al., 1994; Djilianov et.al., 1994). Estes três factores estão inter-relacionados em termos de quebra de dormência em sementes, cormos e culturas bulbosas.

Com base nos resultados, a exposição dos bolbos de lírio Hanson a um pré-tratamento com água quente e depois armazenados a 4°C durante 65 dias ajudou a quebrar a dormência dos bolbos e promoveu a emergência mais precoce de rebentos em comparação com os tratamentos sem água quente. No caso do *L. hansonii*, esta temperatura específica para esta duração afecta a dormência dos bolbos, o que explica que durante a exposição ao frio, os hidratos de carbono são mobilizados (Miller e Langhans, 1990). Os açúcares acumulados poderiam servir de blocos de construção e de fonte de energia para o desenvolvimento do aparelho fotossintético, essencial para o crescimento do bolbo. Na tulipa, o pré-arrefecimento aumentou a mobilização de amido, frutose e sacarose nas escamas. A degradação do amido estimulada pelo frio foi inicialmente acompanhada por um aumento da atividade da ^-amilase por escama, mas nos bolbos não arrefecidos, a atividade *da &-amilase* diminuiu ligeiramente ou manteve-se mais ou menos constante. Após a plantação, observou-se um aumento da degradação do amido nas escamas dos bolbos de tulipas pré-arrefecidos (Lambrechts et.al., 1994). Isto revelou que o aumento da degradação do amido durante a plantação ajudou a superar a dormência. Isto também corroborou os resultados de Ohyama et.al. 1988, segundo os quais a degradação do amido nas escamas dos bolbos era induzida pelo frio, pelo que, após a plantação, a degradação do amido nas escamas dos bolbos pré-arrefecidos era mais rápida do que nos bolbos não arrefecidos. O teor de *&-amilase* nas escamas dos bolbos de tulipa desempenha provavelmente um papel importante na degradação do amido, uma vez que o seu padrão de atividade está correlacionado com o do teor de amido (Lambrechts et.al., 1994). Vários estudos explicam que, quando os bolbos são expostos a baixas temperaturas, também se desencadeia a produção de promotores de crescimento e diminui a produção de inibidores de crescimento, o que resulta na quebra de dormência e na emergência de rebentos (Wang e Roberts, 1970).

Em relação ao alongamento do caule e à produção de folhas, a exposição a baixas temperaturas também afecta estes parâmetros em *L. hansonii*. Como demonstrado nos resultados, a exposição dos bolbos a 4V durante 65 dias promove o alongamento do caule e desenvolve um maior número de folhas com padrão de 2 verticilos. Kurtar e Ayan, (2005) referiram que, na tulipa, a exposição a baixas temperaturas aumenta a produção de giberelinas e auxinas, sendo estas hormonas necessárias para o alongamento do caule da tulipa. O tratamento de arrefecimento dos bolbos pode levar à produção de substâncias promotoras de crescimento que são semelhantes às giberelinas (Aung e De Hertogh, 1968; Halevy et al., 1971) e às auxinas (Tsukamoto, 1971). A baixa temperatura promove a translocação de substâncias semelhantes às giberelinas e às auxinas das escamas do bolbo para o ápice do rebento (Rodrigues-Pereira, 1964)

O tratamento a baixa temperatura promoveu a quebra de dormência dos bolbos em *L. hansoni*, o que foi apoiado pelos resultados de outros investigadores, segundo os quais a baixa temperatura afecta o teor de hidratos de carbono e os reguladores de crescimento das plantas, o que desencadeia a emergência de rebentos. Neste caso, o método de imersão em água quente a 4° C durante 65 dias de armazenamento aumentou a produção de açúcares e desencadeou a produção de promotores de crescimento e diminuiu a produção de inibidores de crescimento que resultaram na quebra de dormência e na emergência de rebentos em *L. hansonii.* A água quente também teve um efeito aditivo nos dias de emergência, mas não foi significativamente diferente do tratamento sem água quente em termos de percentagem de emergência, altura da planta, número de folhas e número de botões florais formados. Foi observado que a água quente atrasa mas sincroniza a floração de *L. hansonii* com base nos resultados. O pré-tratamento com água quente também equilibrou as condições internas dos bolbos, o que resultou na uniformidade do estado fisiológico do bolbo.

Capítulo II

Respostas termomorfogénicas sobre o crescimento e a floração do lírio Hanson *'Lilium hansonii'* em resposta a diferentes temperaturas diurnas e nocturnas

Resumo. A temperatura é um dos factores mais importantes que afectam diretamente a possibilidade e a taxa de diferenciação das flores em muitos geófitos, como o *Lilium*. Nesta experiência, foram mantidas diferentes temperaturas diurnas e nocturnas, ou seja, 15/15C, 15/20C, 15/25C, 20/15C, 20/20C, 20/25C, 25/15C,

25/20C, e 25/25C com o objetivo de determinar a temperatura óptima diurna e nocturna para o desenvolvimento de botões florais em *L. hansonii*. Após a exposição a baixas temperaturas para quebrar a dormência dos bolbos, estes foram plantados em vasos quadrados de tamanho médio e colocados em câmaras de crescimento designadas com temperaturas específicas. As plantas foram expostas a diferentes temperaturas durante 30 dias. Quinze dias após a plantação, foram colhidas amostras de plantas em cada tratamento para observação do desenvolvimento dos botões florais utilizando o microscópio eletrónico de varrimento (SEM). A altura da planta, o número de folhas e o diâmetro do caule também foram medidos em resposta à diferença entre a temperatura diurna e nocturna (DIF) e a temperatura média diária (TDA). Com base nos resultados, a temperatura média diária e a temperatura elevada do dia tiveram um efeito direto na qualidade, quantidade e tempo necessário para o desenvolvimento dos botões florais. Também afectaram o alongamento do caule, o número de folhas, bem como o diâmetro do caule. A ADT e a HDT mais elevadas (25^C) promoveram o alongamento do caule, aumentaram a taxa de desdobramento das folhas (LUR), com menor número de folhas produzidas. À medida que a ADT e a HDT aumentam, o diâmetro do caule diminui, a ADT e a HDT mais baixas (15C) apresentaram maior diâmetro do caule e maior número de botões florais formados (2-7 botões). ADT e HDT mais elevados promoveram a iniciação precoce dos botões florais, mas com menor número de botões florais formados e com maiores possibilidades de aborto de botões florais, enquanto ADT e HDT mais baixos tiveram iniciação mais tardia dos botões florais, desenvolvimento mais lento dos botões florais, mas maior número de botões florais formados.

Introdução

Diz-se que o género *Lilium* é originário da Coreia e da área adjacente da Manchúria (Lighty, 1969). A Coreia tem um número bem diversificado de espécies de *Lilium*, em que doze (12) espécies de lírios nativos se encontram nas zonas montanhosas do país, incluindo *L. hansonii*, que é considerada a espécie mais primitiva do género *Lilium* (Lighty, 1969). Na Coreia, *o L. hansonii* é endémico das zonas montanhosas da Ilha Ulleung (Van Tuyl et al, 2011). Esta espécie cresce normalmente em solo alcalino húmico com uma altitude de 200-300 metros acima do nível do mar. Geralmente, tem muitas flores com longa vida de vaso, com odor e caule curto (Lim e Van Tuyl, 2006). Tem uma filotaxia com 2-3 camadas de folhas espirais. A cor da flor é amarela ou amarela dourada e muito distinta da de outros lírios no seu habitat natural. Atualmente, é habitualmente utilizado como material vegetal na reprodução e noutras investigações que incluem novas ideias sobre a evolução dos lírios nativos da Coreia. Com base na nossa experiência anterior, a quebra de dormência do *L. hansonii* é eficaz a 4°C durante 65 dias de exposição. Após a quebra de dormência, o alongamento do caule e a posterior floração são regulados pelas condições ambientais, principalmente pela temperatura do ar (Kamenetsky et al., 2003). Em *Lilium,* a formação de flores começa durante ou após o fim do período de armazenamento, mas tem de ser completada após a plantação. Para além do fotoperíodo, a temperatura é também um dos principais factores que afectam a iniciação floral. Esta pode também afetar o crescimento morfológico em relação ao desenvolvimento do botão floral e ao aborto do botão floral. Em relação ao desenvolvimento do botão floral, o meristema apical também continua a produzir folhas durante a colheita, a embalagem, o transporte, a programação da armazenagem a frio, a plantação, a emergência e até à fase de iniciação da flor.

Esta experiência foi realizada para determinar a temperatura adequada após a quebra de dormência em relação ao desenvolvimento dos botões florais e para evitar o aborto dos botões florais afetado pela temperatura. Isto ajudaria a produzir plantas saudáveis e bem desenvolvidas com uma boa qualidade de flores formadas para serem utilizadas na reprodução e noutras investigações relacionadas com a fisiologia.

Materiais e métodos

Material vegetal

Os bolbos de *Lilium hansonii* foram colhidos na ilha de Ulleung, na Coreia. Inicialmente, os bolbos foram armazenados a 4C durante 65 dias para quebrar a dormência dos bolbos. Antes de realizar esta experiência, foram recolhidos dados iniciais como a circunferência do bolbo, o número de escamas do bolbo e o número de folhas. Alguns bolbos foram também dissecados para a observação da iniciação dos botões florais ao microscópio eletrónico de varrimento (SEM).

Exposição à temperatura diurna e nocturna

Depois de quebrar a dormência dos bolbos, estes foram plantados num vaso quadrado médio, utilizando uma mistura de solo comercial combinada com vermiculite. Os vasos foram colocados nas suas câmaras de crescimento designadas, reguladas a 15°C, 20C e 25C. De acordo com o diagrama metodológico apresentado no Quadro 4, as plantas foram expostas a diferentes temperaturas diurnas e nocturnas (15/15, 15/20, 15/25, 20/15, 20/20, 20/25, 25/15, 25/20 e 25/25) durante 13 horas de dia e 11 horas de noite, com uma intensidade luminosa de 2500lux, uma vez que *a Lilium* é uma planta relativamente diurna. As plantas foram expostas a diferentes temperaturas durante 30 dias dentro das câmaras de crescimento. Com base noutras referências, diferentes espécies de *Lilium* iniciaram e completaram a indução floral até à maturação após a plantação, até 30 dias, dependendo da temperatura; este foi o período crítico de desenvolvimento do botão floral, que foi altamente afetado pela temperatura. Foi aplicada uma gestão adequada das plantas, começando pela rega, fertilização e gestão de pragas. Depois de 30 dias, os vasos foram transferidos para condições de estufa com temperatura diurna de 25C e temperatura nocturna de 20C. Todas as práticas de manejo padrão foram aplicadas como rega, fertilização e manejo de pragas até o momento da floração.

Tabela 4. Diagrama da metodologia de tratamento da temperatura diurna e nocturna representado por DIF e Média

Temperatura diária (TDA).

DIF (DT-NT) Temperatura média diária (TDA)		Temperatura diurna (DT) X		
		15	20	25
Temperatura nocturna (NT) X	15	**0** 15	**+5** 17.5	**+10** 20
	20	**-5** 17.5	**0** 20	**+5** 22.5
	25	**-10** 20	**-5** 22.5	**0** 25

Observação ao microscópio eletrónico de varrimento

A fim de observar e identificar o efeito de diferentes temperaturas diurnas e nocturnas no desenvolvimento dos botões florais do lírio Hanson, foi realizada uma microscopia eletrónica de varrimento (Hitachi S-4300). Quinze dias após o tratamento, foram recolhidas amostras de cada tratamento e levadas para o laboratório para o procedimento de dissecação utilizando o microscópio de luz. Após a dissecação, as amostras de botões florais foram submetidas a uma série de procedimentos, começando pela fixação. Para a fixação, foi utilizada a solução fixadora de Karnovsky (paraformaldeído a 8%, glutaraldeído a 25% e tampão cacodilato 0,2M), tendo as amostras sido fixadas durante 24 horas. Após a fixação, as amostras foram lavadas com tampão cacodilato 0,05M durante 10 minutos, por três vezes. Seguiu-se a pós-fixação, em que as amostras foram colocadas em ácido ósmico a 1% durante 2 horas a 4C. Após a pós-fixação, procedeu-se a uma série de lavagens a partir do tampão cacodilato 0,05M (3x durante 10 minutos), a uma série de lavagens com etanol; etanol a 50% 2x (30 minutos), etanol a 75% (30 minutos), etanol a 90% (30 minutos), etanol a 95% (30 minutos), etanol a 100% 2x (30 minutos), e as amostras foram lavadas uma vez com amilacetato durante 30 minutos e depois também armazenadas em amilacetato em preparação para a observação por SEM. Após o processo de fixação, as amostras foram secas utilizando o secador de ponto crítico

(HCP-2); neste caso, as amostras foram colocadas num recipiente com 50-80% de dióxido de carbono líquido (L-CO_2) a 20°C durante 20 minutos e depois a 38°C durante 5 minutos. As amostras secas foram colocadas num suporte de amostras e colocadas num pulverizador de iões (Hitachi E-1030) para revestimento de ouro branco.

Recolha de dados

A temperatura é importante não só para o desenvolvimento dos botões florais, mas também para as caraterísticas morfológicas das plantas. Antes, durante e depois da exposição das plantas a diferentes temperaturas diurnas e nocturnas, a altura da planta, o número de folhas, o diâmetro do caule (mm) e os botões florais formados foram também medidos utilizando uma vara de medição e um paquímetro. Foram também registados os dias até à floração, o número de flores e o diâmetro das flores (mm).

Análise estatística

A fim de validar a relevância de cada tratamento entre si em resposta à temperatura, todos os dados, incluindo o comprimento do rebento, o número de folhas, o diâmetro do caule e o número de botões florais formados dissecados 15 dias após o plantio, foram analisados usando o teste de intervalo múltiplo de Duncan (DMRT) a $p < 0,05$ com o SPSS versão 19.0 (SPSS Inc., EUA).

Resultados

Para investigar as condições óptimas para o desenvolvimento do botão floral no lírio Hanson, afectadas por diferentes temperaturas diurnas e nocturnas, os bolbos foram expostos a diferentes temperaturas (15/15, 15/20, 15/25, 20/15, 20/20, 20/25, 25/15, 25/20 e 25/25). Mas antes da experiência, foram verificados os dados iniciais como o tamanho do bolbo, o número de escamas, o tamanho do nariz, o número de folhas e a presença do botão floral (Quadro 5 e figura 6). Após o tratamento, foram medidos e observados a altura da planta, o número de folhas, o diâmetro do caule, os botões florais formados, o desenvolvimento dos botões florais, a velocidade de desenvolvimento, as possibilidades de aborto dos botões florais e os padrões de formação dos botões florais.

Tabela 5. Estado dos materiais antes do tratamento com diferentes temperaturas diurnas e nocturnas.

Ave. Tamanho da lâmpada (cm)	N.º de escala	Tamanho do nariz (mm)	N.º de folhas	Botão de flor Iniciação
12.3	51	18.8	34	Não

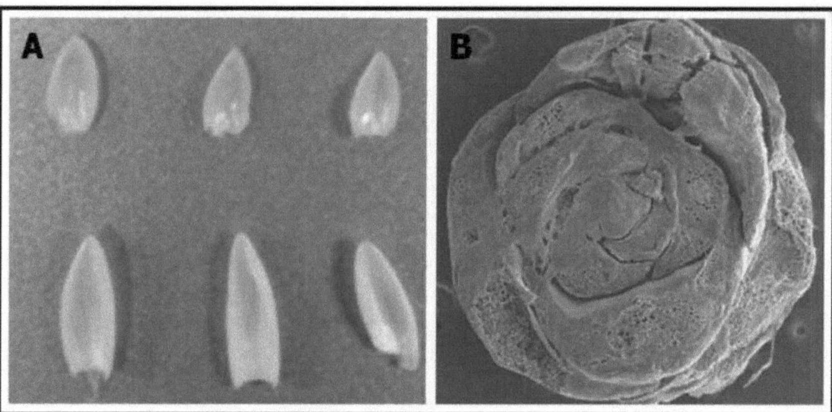

Figura 6. Folhas formadas e ausência de iniciação de botões florais em bolbos recém-colhidos de *Lilium hansonii*. A. Formação de folhas, B. Sem iniciação de botões florais

Com base nos dados iniciais recolhidos, após a colheita, o tamanho médio dos bolbos dos materiais vegetais utilizados foi de 12,3 cm, com 51 números de escamas e 18,8 mm de tamanho do nariz. Também se observou que a formação de folhas (34) nos bolbos já tinha começado, mas não se observou a iniciação de botões florais ao microscópio eletrónico de varrimento (SEM).

Tabela 6. Caraterísticas morfológicas e botões florais formados 15 dias após a plantação.

DT	NT	ADT	DIF	Tamanho do disparo (cm)	N.º de folhas	Diâmetro do caule (mm)	N.º de botões florais
	15	15	0	5.5a	35.0d	7.1b	5.0b
15	20	17.5	-5	8.4c	44.3cd	7.2b	2.0bc

	25	22.5	-10	9.8d	47.7a	7.4b	4.0c
	15	17.5	5	5.8a	43.0b	5.6c	3.0d
20	20	20	0	9.7d	36.7c	5.6c	2.0ab
	25	22.5	-5	6.6b	45.7cd	8.1a	7.0a
	15	20	10	24.7g	19.3e	3.5d	1.0ab
25	20	22.5	5	20.7f	15.7e	2.9e	1.0ab
	25	25	0	19.5e	18.3e	2.7e	0.6e

*As médias com as mesmas letras não são significativamente diferentes pelo teste de intervalo múltiplo de Duncan (DMRT) a $p < 0,05$

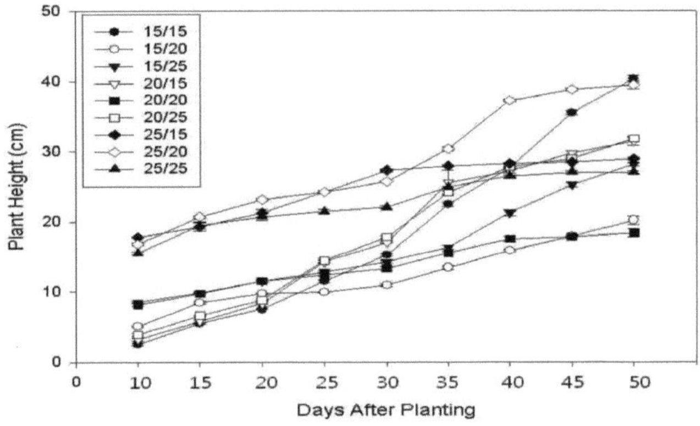

Figura 7. Altura das plantas dos diferentes tratamentos expostos a diferentes temperaturas diurnas e nocturnas

O quadro 6 apresenta as caraterísticas morfológicas e os botões florais formados 15 dias após a exposição a diferentes temperaturas diurnas e nocturnas. Com base nestes resultados, a temperatura teve efeitos sobre o comprimento do rebento (cm), o número de folhas, o diâmetro do caule (mm) e o número de botões florais desenvolvidos. Estes parâmetros foram diretamente afectados pela temperatura média diária (TDA) e pela temperatura elevada do dia (TAD). Em termos de tamanho do rebento, com o aumento da temperatura (20-25°C) ou DIF positivo, promoveu-se o alongamento do caule, enquanto que a baixa temperatura diurna (15C) abrandou o crescimento do caule. A altura das plantas também foi monitorizada desde a emergência até à maturação dos botões florais, com um intervalo de 5 dias. Como mostra a Figura 7, a temperatura média diária mais alta e a temperatura do dia promoveram o alongamento do caule até 35 dias após o plantio. Depois disso, o crescimento tornou-se constante, enquanto a temperatura mais baixa teve um alongamento mais lento do caule, mas aumentou drasticamente na fase de floração. As plantas expostas a 15C em

As plantas expostas à temperatura de 25°C nos primeiros 30 dias e depois transferidas para a estufa (25/20°C) tiveram um alongamento do caule mais lento, mas ultrapassaram as plantas expostas a 25°C na fase de maturação dos botões florais até à antese. A formação de folhas e o rácio de desdobramento de folhas (LUR) também foram afectados pela temperatura. As temperaturas mais elevadas aumentaram o rácio de desdobramento das folhas, mas produziram um menor número de folhas, enquanto que as temperaturas baixas (15C) tiveram um rácio de desdobramento das folhas baixo, mas produziram um maior número de folhas. Em termos de diâmetro do caule, este também foi altamente afetado pela temperatura. Uma temperatura mais elevada produziu um diâmetro de caule mais fino em comparação com uma temperatura mais baixa que produziu um caule relativamente mais grosso. Este facto também está relacionado com o desenvolvimento dos botões florais: um caule mais grosso tem um meristema apical maior e, por conseguinte, forma-se um maior número de botões florais.

Considerando todas as caraterísticas morfológicas e a sua relação com o desenvolvimento dos botões florais em *L. hansonii*, este foi afetado pela temperatura. Temperaturas mais altas de ADT e HDT promoveram o alongamento do caule, o desdobramento mais rápido das folhas, mas um número menor de folhas produzidas e um diâmetro de caule mais fino, portanto, um número menor de botões florais produzidos, enquanto temperaturas mais baixas tiveram um alongamento mais lento do caule, mas produziram um número maior de folhas e um diâmetro de caule mais espesso, portanto, desenvolveram um número maior de botões florais.

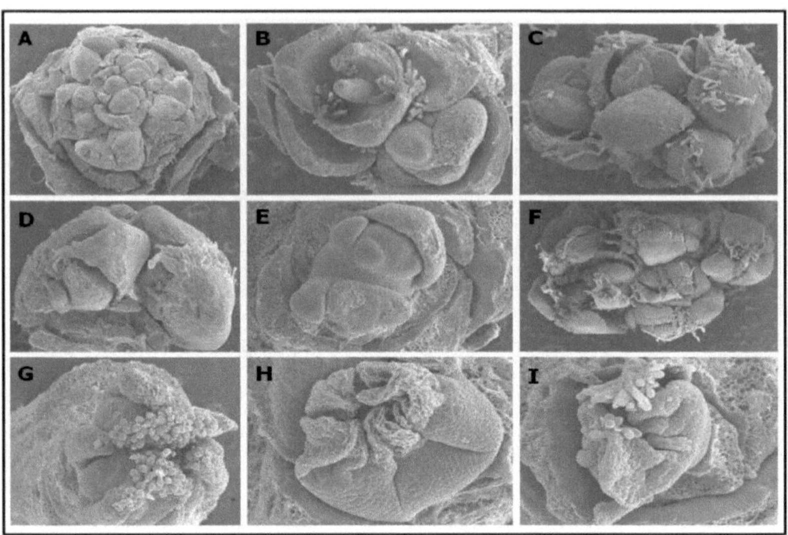

Figura 8. Observação ao microscópio eletrónico de varrimento (SEM) dos botões florais *de Lilium hansonii* (15 DAP) expostos a diferentes temperaturas diurnas e nocturnas. A. 15/15 (x25), B. 15/20 (x40), C. 15/25 (x30), D. 20/15 (x35), E. 20/20 (x40), F. 20/25 (x30), G. 25/15 (x60), H. 25/20 (x90), I. 25/25 (x80)

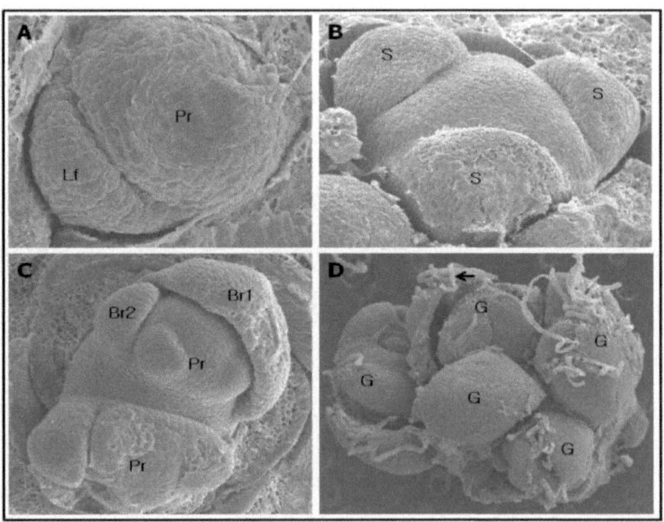

Figura 9. Desenvolvimento do botão floral em *L. hansonii* ao microscópio eletrónico de

varrimento. A. Fase vegetativa, B. Fase reprodutiva (fase P1), C. Fase reprodutiva (fases A1-A2 com brácteas visíveis), D. Fase reprodutiva (fase G)

Para compreender melhor o efeito de diferentes temperaturas diurnas e nocturnas no desenvolvimento dos botões florais em *Lilium hansonii*, foi realizada uma observação ao microscópio eletrónico de varrimento. Como ilustrado na figura 8, aos 15 dias após o tratamento, foram identificados os efeitos da temperatura na formação dos botões florais. Com base nos resultados, o desenvolvimento dos botões florais foi altamente afetado pela temperatura média diária (TMA). A temperatura mais baixa (15°C) teve o desenvolvimento mais lento dos botões florais, mas produziu um maior número de botões florais (2-7). A uma temperatura moderada (20°), os botões florais estavam mais avançados do que as plantas expostas a 15° e também produziram um maior número de botões florais. A temperatura mais elevada (25°) teve a iniciação e o desenvolvimento mais rápidos das flores entre as três temperaturas diferentes, mas com maiores probabilidades de rebentamento ou aborto dos botões florais. A temperatura mais elevada do dia (HDT) aumentou as possibilidades de aborto ou explosão dos botões florais e também produziu apenas um botão floral. O desenvolvimento do botão floral observado através do microscópio eletrónico de varrimento foi ilustrado na figura 9, em que a imagem A mostra a fase vegetativa com a formação de folhas (Lf) e um primórdio (Pr), a imagem B mostra a fase reprodutiva na fase P1 ou com 1st verticilo de perianto (3 sépalas ou pétalas), a figura C também se encontrava em fase reprodutiva nos seus estádios A1-A2, com o desenvolvimento de 1st e 2nd androecium, e a figura D mostrava a fase reprodutiva no seu estádio G (5 botões florais), em que todos os órgãos florais estavam completamente formados. Também se observou que os botões florais de *L. hansonii* têm estruturas semelhantes a pêlos, identificadas pela seta na figura 9. D.

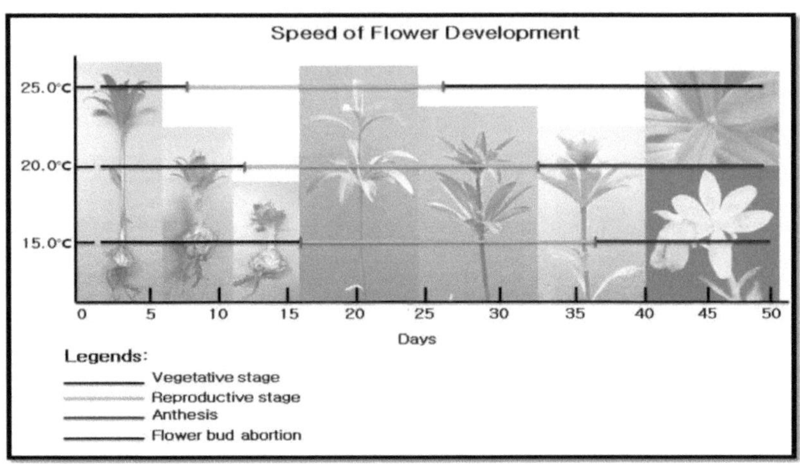

Figura 10. Comparação do desenvolvimento das flores de *Lilium hansonii* em função da temperatura média diária

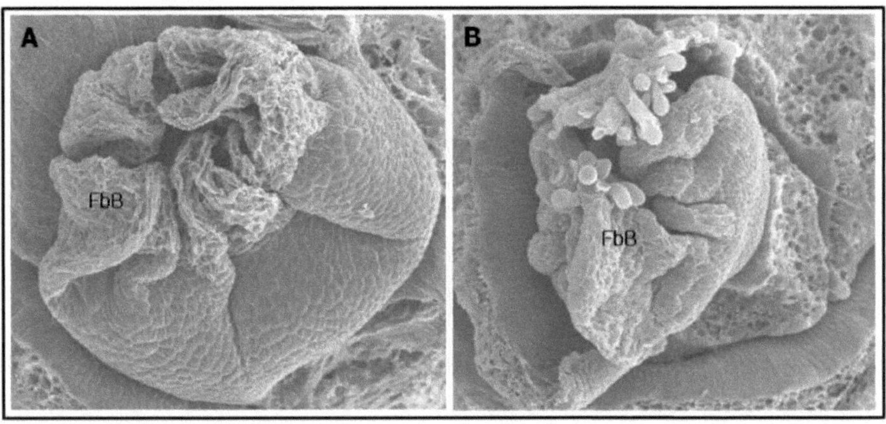

Figura 11. Aborto de botões florais em *L. hansonii* ao microscópio eletrónico de varrimento. A. Fase inicial do aborto de botões florais (FbB), B. Fase severa do aborto de botões florais

O tempo necessário para o desenvolvimento dos botões florais foi também muito afetado pela temperatura. Especificamente, foi afetado pela temperatura média diária e pela temperatura máxima do dia. Conforme ilustrado na figura 10, a linha verde indica a fase vegetativa, a amarela a fase reprodutiva, a linha vermelha a antese e a linha preta a ocorrência de aborto do botão floral. A exposição a temperaturas mais elevadas (25^C) a partir da plantação teve uma fase vegetativa mais curta, pelo que a formação de folhas foi limitada e o diâmetro do caule foi mais fino e fraco, enquanto que quando as plantas foram expostas a temperaturas mais baixas (15-20C) tiveram uma fase vegetativa mais longa, com maior número de folhas formadas e um caule mais espesso e firme. Uma vez que as plantas expostas a temperaturas mais elevadas tiveram uma fase vegetativa mais curta, isso significa apenas que tiveram um desenvolvimento floral precoce (iniciação e diferenciação floral), mas apenas se formou um botão floral e com maiores possibilidades de rebentamento ou aborto do botão floral, como mostra a figura 11. Pelo contrário, a temperatura mais baixa teve um estádio vegetativo mais longo, pelo que o desenvolvimento dos botões florais ocorreu gradualmente na planta, o que significa que se formaram botões florais de boa qualidade e em menor quantidade e que as possibilidades de aborto dos botões florais são menores.

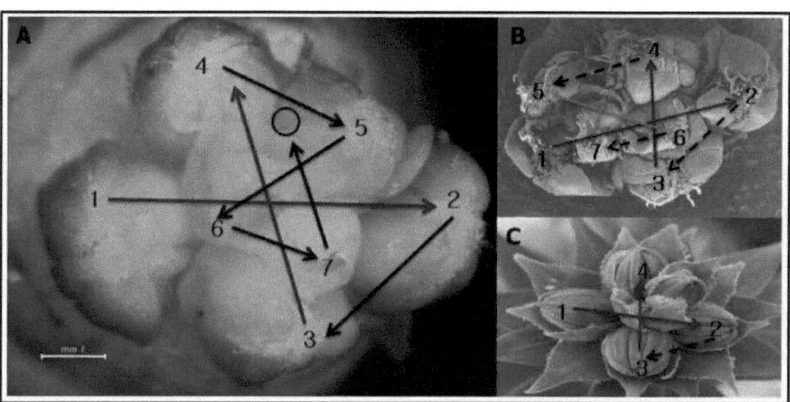

Figura 12. Padrão de formação de botões florais de *Lilium hansonii*. A. Microscópio de luz, B. Microscópio eletrónico de varrimento (SEM), C. Fotografia de estufa

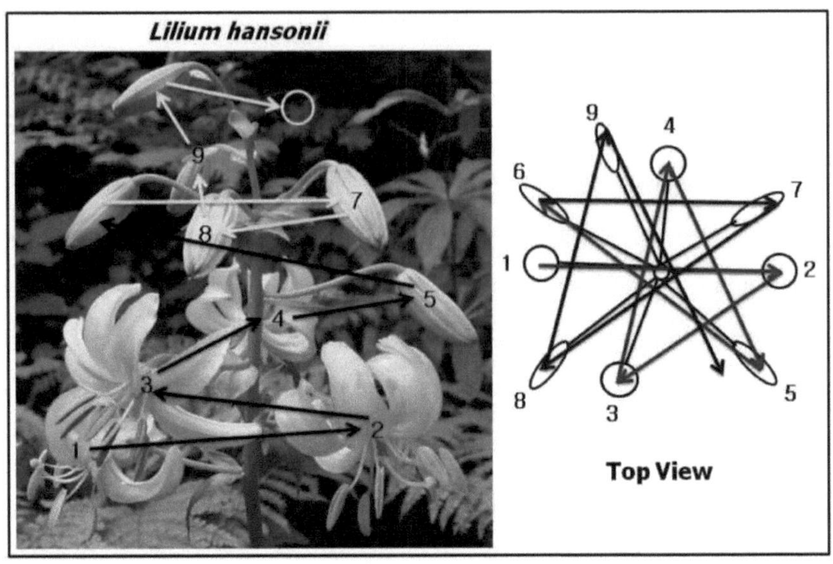

Figura 13. Padrão de formação de botões florais de *L. hansonii* (Martagon).

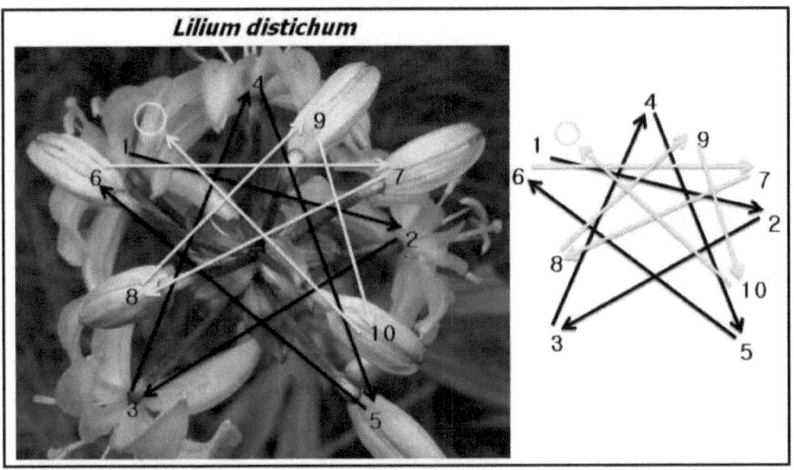

Figura 14. Padrão de formação de botões florais de *Lilium distichum* (Martagon)

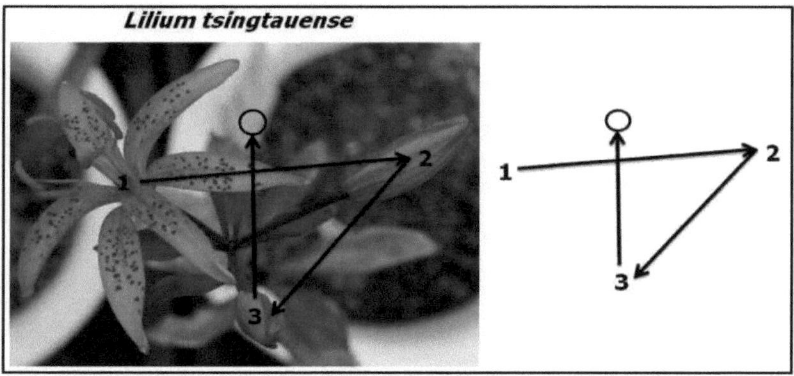

Figura 15. Padrão de formação de botões florais de *Lilium tsingtauense* (Martagon)

Considerando que todos os factores ambientais que afectam o desenvolvimento dos botões florais são favoráveis, *L. hansonii* produziu 2-7 botões florais num padrão estrelado de formação de botões florais, como ilustrado nas figuras 12 e 13. Com base no tamanho do botão floral, 1st botão floral desenvolveu-se no lado esquerdo, seguido pelo 2nd botão floral na parte direita do primórdio, depois outro botão floral (3rd) no centro inferior do meristema apical e seguido pelo 4th botão floral no centro superior do meristema. Os quatro botões florais desenvolvidos formaram o 1st conjunto de padrões em forma de cruz. Após a formação do 4th botão floral, o 5th botão floral desenvolveu-se ligeiramente na parte superior do 1st botão floral e depois floresceu pelo 6th botão floral posicionado no meio do meristema apical e depois o 7th botão floral formou-se entre o 1st e o 3rd botões florais. Se o botão floral 8th for formado, possivelmente surgirá entre os botões florais 4th e 5th e isso completará o padrão de formação de botões florais em *L. hansonii* 2nd . Numa fase anterior, parecia que se formaria um padrão em forma de estrela, mas ainda não era claro porque os botões florais ainda estavam a desenvolver-se. Para o confirmar, foi observada uma fotografia da planta em antese e confirma-se que, numa fase posterior ou em antese, os botões florais formam-se a partir de um padrão cruzado e depois completam o seu padrão de formação de flores em forma de estrela. Todos os padrões cruzados foram observados ao microscópio de luz, ao microscópio eletrónico de varrimento (MEV) e em câmara SLR em condições de estufa.

A fim de validar o mesmo padrão de formação de botões florais noutras espécies da secção

Martagon, também se observou o padrão de formação de flores *de L. distichum*. A identificação da flor que surge primeiro baseou-se na sua posição do caule inferior para o caule superior. Quase o mesmo padrão que em *L. hansonii*, foi também o padrão em forma de estrela da formação de botões florais no meristema apical. O ciclo completo de formação de botões florais é composto por dez (10) botões florais com um ciclo de aproximadamente 720°. Cada botão floral tem um ângulo estimado de 72° por botão floral. Em *L. distichum*, como ilustrado na Figura 14, desenvolve 10 botões florais que se formam num padrão de forma estrelada grande e pequena. Mesmo em *L. tsingtauense* (Figura 15), foi observado o mesmo padrão de formação de botões florais. No caso de *L. hansonii*, se também produzir a mesma quantidade de botões florais, a partir do padrão cruzado, formará um padrão de formação de botões florais em forma de estrela. Isto mostrou que as três espécies nativas da secção Martagon têm o mesmo padrão de formação de botões florais.

Tabela 7. Número de botões florais formados, dias para a floração e diâmetro da flor de *L. hansonii* em resposta a diferentes temperaturas.

Temperatura média diária (X)	**Número de botões florais formados**	**Dias até à floração (DAP)**	**Diâmetro da flor (mm)**
15	5	78	51.7
20	2	73	61.4
25	-	-	-

Figura 16. Floração de *L. hansonii* em resposta a diferentes temperaturas. A. 15 C, B. 20 C, C. 25 C

Em termos de tempo de floração, como mostrado na Tabela 7 e ilustrado na Figura 16, a temperatura mais baixa (15°C) produziu 5 botões de flores, tempo de floração mais tardio (78 DAP), e com diâmetro de flor mais curto (51.7mm) comparado com a temperatura moderada (20°C) com apenas 2 botões de flores, tempo de floração mais cedo (73 DAP), e diâmetro de flor mais longo (61.4mm), enquanto que a temperatura mais alta (25V) promove o aborto de botões de flores. Com base nestes resultados, a diminuição de 1C na temperatura também atrasa o período de floração em 1 dia.

Discussão

No *Lilium*, o desenvolvimento da flor é uma das fases mais importantes a considerar, uma vez que é uma das flores de corte mais conhecidas, com uma enorme diversidade de flores, formas, tamanhos e cores. A temperatura é um dos factores que afectam grandemente o desenvolvimento e crescimento dos botões florais no *Lilium hansonii.* Em termos de altura da planta, uma temperatura média diária e diurna mais elevada (25°C) promove o alongamento do caule. De acordo com Erwin et al. 1989, à medida que a temperatura diurna (DT) aumenta, a altura da planta também aumenta; à medida que a temperatura nocturna (NT) aumenta, a altura da planta diminui. Foi a diferença (DIF) entre as temperaturas diurna e nocturna (DIF igual a DT menos NT), e não a temperatura absoluta, que controlou a altura da planta ou o comprimento do entrenó. A temperatura mais alta também promoveu a iniciação precoce do botão floral, mas com menor número de folhas, diâmetro de caules mais finos, e apenas um botão floral formado, e promove o aborto do botão floral. A temperatura mais baixa retardou a iniciação e o desenvolvimento das flores, o alongamento mais lento do caule, mas com maior número de folhas, caule mais espesso, cerca de 2-7 botões florais formados e menor possibilidade de aborto de botões florais. Este facto foi apoiado pelos resultados de Roh e Wilkins (1973), segundo os quais uma temperatura mais elevada tende a produzir plantas mais altas com maiores probabilidades de aborto de flores. Boontjes (1982) também relatou que o aborto de botões da "Connecticut King" pode ser causado por altas temperaturas durante o verão. Em relação aos resultados de outros investigadores, Roh (1990a) constatou que, embora a floração de "Red Carpet',

"Cherub', "Sunray' e "Connecticut Lemonglow' fosse acelerada a 26/24C em comparação com a temperatura dia/noite de 16/13C, o número de botões florais abortados era mais elevado à temperatura mais alta. De acordo com Karlsson et al. (1988), o desdobramento das folhas foi uma função linear da temperatura média diária, dentro dos limites comerciais aproximados do fotoperíodo e da temperatura. Em termos de diâmetro do caule, De Hertogh et al, (1976) relataram que o número de flores formadas estava correlacionado com o diâmetro do meristema. No caso do lírio-da-páscoa, a temperatura de estufa de 13 C promoveu a formação de flores primárias, enquanto 21C promoveu a formação de flores secundárias. Nesta experiência, o padrão de formação de botões florais de *L. hansonii* foi de cruzado a estrelado. No híbrido asiático "Rouge Pixie", um verticilo de botões florais, geralmente quatro ou cinco, é iniciado primeiro em torno do perímetro do meristema. Em seguida, outro verticilo de vários botões (geralmente três ou quatro) pode ser iniciado num escapo que surge do meio do meristema (De Hertogh e Le Nard, 1993).

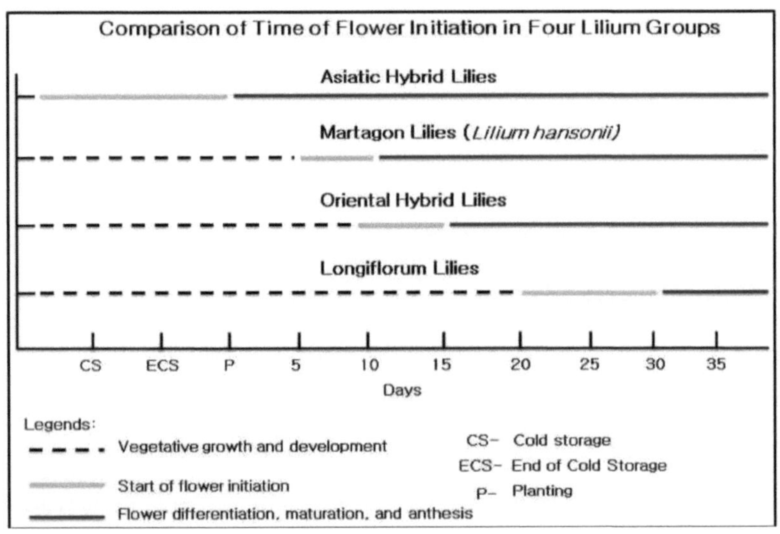

Figura 17. Comparação da época de início da floração em quatro (4) grupos de *Lilium*

Com base nos resultados da experiência, a Figura 17 mostra que *L. hansonii*, que pertence à secção Martagon, ficou em segundo lugar em termos de tempo de iniciação da flor e de desenvolvimento da flor entre quatro grupos de *Lilium*. Um estudo efectuado por Ohkawa (1989) dividiu os grupos de *Lilium* em função da época de iniciação do botão floral. O primeiro grupo era constituído por espécies que iniciavam os botões florais no início do outono, antes da germinação dos bolbos, e terminavam após a emergência dos rebentos. Os lírios híbridos asiáticos pertencem ao primeiro grupo, em que alguns híbridos asiáticos iniciam a iniciação dos botões florais logo no interior do bolbo durante o armazenamento a frio e também alguns iniciam e completam a iniciação e o desenvolvimento da flor após a emergência dos rebentos (Ohkawa et.al., 1990). O segundo é o *L. hansonii*, em que, como resultado desta experiência, se observou que a iniciação do botão floral começa 5-10 dias após a emergência do rebento e termina totalmente a maturação da flor em 20-30 dias após a plantação. O terceiro grupo é o dos lírios híbridos orientais (10-15 dias após a plantação) e o último grupo é o do Longiflorum em termos de tempo de iniciação e desenvolvimento das flores (20-30 dias após a plantação).

Conclusão geral e recomendação

Esta experiência foi realizada com o objetivo de determinar as exigências de temperatura do lírio Hanson "*Lilium hansonii*" desde a colheita, armazenamento, crescimento e desenvolvimento, e floração em relação à quebra de dormência do bolbo e à fisiologia da floração. Estes também explicam os efeitos da temperatura no desenvolvimento morfológico e fisiológico de *L. hansonii*. A temperatura afecta todos os aspectos da forçagem em estufa, incluindo a emergência dos rebentos, o desenvolvimento das folhas e o desenvolvimento das flores (De Hertogh e Le Nard, 1993).

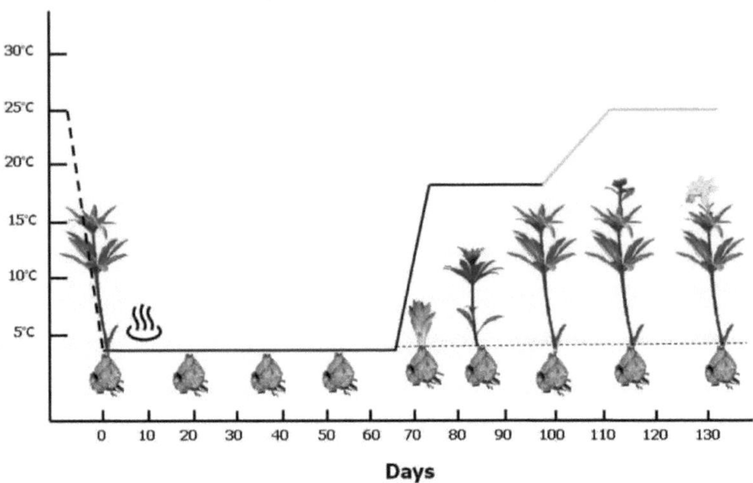

Figura 18. Requisitos de temperatura de *Lilium hansonii* desde a colheita, armazenamento, crescimento, desenvolvimento e floração

Após a realização das experiências, pode concluir-se que a temperatura é um dos factores mais importantes que afectam a quebra da dormência dos bolbos e a floração do lírio Hanson *Lilium hansonii*. No caso da espécie mais primitiva de *Lilium*, que é o *Lilium hansonii*, a dormência dos bolbos pode ser quebrada se os bolbos forem armazenados a 4°C durante 65 dias ou se os bolbos forem previamente mergulhados em água a 45 V durante 1 hora e depois armazenados a 4 V durante 65 dias para efeitos aditivos na quebra da dormência dos bolbos. Os dias de emergência, a percentagem de emergência, a altura da planta e o número de folhas foram mais elevados neste regime de temperatura e duração da quebra de dormência dos bolbos de *L. hansonii*. Após a quebra de dormência dos bolbos, o desenvolvimento dos botões florais deve ser considerado de forma a produzir boa qualidade e com o máximo de botões florais produzidos, conforme afetado por diferentes temperaturas diurnas e nocturnas. Na plantação, os bolbos foram plantados e colocados em condições ambientais com uma temperatura média diária (TDA) e uma temperatura diurna que variava entre 15-20°C durante 30 dias. Nos 30 dias após a plantação, ocorre a indução, iniciação, diferenciação (organogénese) e maturação das flores, tendo sido fornecida uma temperatura adequada para produzir botões florais de boa qualidade e em número máximo e para evitar o aborto de botões florais. Embora a exposição das plantas a 15-20C durante 30 dias tenha provocado um desenvolvimento mais lento dos botões florais, houve um maior número de folhas formadas, um caule mais espesso e firme, e um maior número de botões florais (2-7) formados, em comparação com as plantas expostas a 25C, que tiveram um desenvolvimento mais rápido dos botões florais e um alongamento do caule, mas com um número reduzido de folhas formadas, um caule fino e fraco, apenas um (1) botão floral formado, e uma maior possibilidade de aborto dos botões florais. Depois de terminada a diferenciação e maturação dos botões florais, as plantas foram transferidas para uma estufa com uma temperatura de 25°C durante o dia e 20° °C durante a noite até à floração. Em

Nesta experiência, apesar de as plantas expostas a 15-20° C crescerem lentamente, o alongamento do caule aumentou drasticamente após a exposição gradual às condições de estufa (25/20), ao ponto de ultrapassar a altura das plantas expostas a 25C no início do seu crescimento e desenvolvimento. Os botões de flores expostos

a 20C antes de florescerem mais cedo, seguidos de botões florais expostos a 15C, enquanto os botões florais que

expostas a 25C sofreram aborto precoce de botões florais ou morreram totalmente e nunca floresceram.

Os resultados destas experiências podem ser utilizados na gestão adequada da temperatura do lírio Hanson para obter o seu potencial máximo em termos de quebra de dormência dos bolbos, boas caraterísticas morfológicas, qualidade e quantidade de flores, e minimizar o aborto de botões florais. A exigência de temperatura do lírio Hanson, desde o armazenamento até à floração, foi ilustrada na figura 18. O desenvolvimento de flores de boa qualidade de *Lilium hansonii* pode ser utilizado para estudos posteriores, tais como a criação, a produção e a investigação relacionada com a fisiologia, que podem ajudar a compreender a evolução e o possível potencial de *L. hansonii* na indústria da floricultura e na horticultura em geral.

Literatura citada

Aguettaz P., Paffen A., Devallee I., Van Der Linde P. e De Klerk G.J. 1990. The development of dormancy in bulblets of *Lilium speciosum* generated in vitro I. The effect of culture condition. Plant Cell Tissue Organ Cult. 22: 167-172.

Aung L.H. e De Hertogh A.A. 1968. Substâncias do tipo giberelina em bolbos de *tulipa* (*Tulipa* sp.) não tratados a frio e tratados a frio. In: F. Wightman e G. Setterfield (Editores), Biochemistry and Physiology of Plan Growth Substances. Runge. Ottawa, pp 943-956.

Bewley J.D. 1997. Germinação e dormência de sementes. The Plant Cell 9: 1055-1066.

Beyer J.J. 1942. De terminologie van de bloemaanleg der bloembolgewassen. Mededeelingen van de Landboueuhoogeschool, Wageningen, 46:1-17.

Boontjes J. 1982. "Blinden" bij "Connecticut King" nog steedseeon problem. Weekbdad voor Bloembollencultuur, 92: 1230-1231.

Comber H.F. 1949. Uma nova classificação do género *Lilium*. Lily YearBook RHS 13: 86-105.

De Hertogh A. 1996. Holland Bulb Forcer's Guide. Alkemade Printing, Países Baixos, pp. 83-85.

De Hertogh A. e Le Nard M. 1993. The Physiology of Flower Bulbs (Fisiologia dos bolbos de flores). Elsevier Science Publishers, Países Baixos.

De Hertogh A.A., Rasmussen H.P., e Blakely N. 1976. Morphological changes and factors influencing shoot apex development of *Lilium longiflorum* Thunb. during forcing. Journal of the American Society for Horticulture Science 101: 463-471.

De Jong P.C. 1974. Some notes on the evolution of lilies. Yearbook North American Lily Soc. 27: 2328.

De Klerk G.J., Delvallee I. e Paffen A. 1992. Libertação da dormência de bolbos micropropagados de Lilium speciosum após uma longa cultura no solo. HortScience 27: 147-148.

Delvallee I., Paffen A. e De Klerk G.J. 1990. O desenvolvimento da dormência em bolbos de *Lilium speciosum* gerados em cultura II. O efeito da temperatura. Physiol.Plant. 80: 431-436.

Erwin J.E., Heins R.P., e Karlsson M. 1989. Thermomorphogenesis in *Lilium longiflorum*. American Journal of Botany, 76: 47-52.

Fox E.E. 2006. Martagon Lilies: Mundo Antigo, Lírios de folhas espiraladas. Millet, Alberta, Canadá. pp. 42-48.

Halevy A.H., Mor J. e Valershtein J. 1971. Nível de giberelinas endógenas em Ornithogalum arabicum e sua relação com as temperaturas de armazenamento dos bolbos e com o desenvolvimento das flores. First Int. Symp. Bolbos de Flores. Ata Hortic., 23, I: 82-89.

Hartsema A.M., Luyten I. e Blaauw A.H. 1930. De optimal temperature van bloemaanleg tot bloei. (Snelle bloei van Darwintulpen II.var. W. Copland) Verh.Kon.Akad.Wet., Natuurk. Sect II. 27(1): 1-46.

Hartsema A.M. 1961. Influence of Temperature on Flower Formation and Flowering of Bulbous Plants (Influência da Temperatura na Formação e Floração de Plantas Bulbosas). In: Encyclopedia of Plant Physiology, 16: 123-167. Springer-Verlag. Berlim.

Juntilla O. 1988. Ser ou não ser dormente: alguns comentários sobre a nova nomenclatura de dormência. HortScience 23: 805-806.

Kamenetsky R., Zemah H., Ranwala A.P., Vergeldt F., Ranwala N.K., e Miller

W.B. 2003. Water status and carbohydrate pools in tulip bulbs during dormancy release. New Phytologist, 158: 109-118.
Kamerbeek G.A., Beijersbergen J.C.M. e Schenk P.K. 1972. Actas de 18th Congresso Internacional de Horticultura 5: 233-239.
Karlsson M.G., Heins R.P., e Erwin J.E. 1988. Quantificação das taxas de desdobramento de folhas controladas pela temperatura no lírio-da-páscoa "Nellie White". Journal of American Society for Horticultural Science 113: 70-74.
Kim K., Davelaar E. e De Klerk G.J. 1994. O ácido abscísico controla o desenvolvimento da dormência e a formação de bolbos em plântulas de lírio regeneradas in vitro. Physiol. Plant. 90:59-64.
Kurtar E.S. e Ayan A.K. 2005. Efeitos do ácido giberélico (GA3) e do ácido indole-acético (IAA) na floração, alongamento do caule e caraterísticas do bolbo da tulipa (Tulipa gesneriana var. Cassini). Pakistan Journal of Biological Sciences 8(2): 273-277.
Lambrechts H., Rook F., Kolloffel C. 1994. Carbohydrate Status of Tulip Bulbs during Cold-Induced Flower Stalk Elongation and Flowering, Plant Physiol, 104: 515-520.
Lang G.A., Early J.D., Martin G.C. e Darnell R.L. 1987. Endo-, para-, and ecodormancy: physiological terminology and classification for dormancy research. HortScience, 22: 371-377.
Langens-Gerrits M.M., Kuijpers A.M., De Klerk G.J. e Croes A.F. 2003. Contribuição das reservas de hidratos de carbono dos explantes e da sacarose no meio para o crescimento de bolbos de lírio regenerados em segmentos de escamas in vitro. Physiol. Plant. 117: 245-255.
Langens-Gerrits M.M., Nashinoto S., Croes A.F., e De Klerk G.J. 2001. Desenvolvimento de dormência em diferentes genótipos de lírio regenerados in vitro. Plant Growth Regul. 34: 215-222.
Leslie A.C 1982. The international lily register. 3rd edição incluindo 17 adições (1984-1998). O registo
Royal Hortic Soc., Londres
Lighty R.W. 1968. Evolutionary trends in lilies (Tendências evolutivas dos lírios). The Lily Yearbook, Royal Hortic.Soc. 31: 40-44.
Lighty R.W. 1969. Os lírios da Coreia. The Lily Yearbook, Royal Hort. Soc. Londres.
Lim K.B. e Van Tuyl J.M. 2006. Lírio, híbridos de *Lilium*. In: Anderson NO (ed) Flower Breeding and Genetics: Issues, Challenges and Opportunities for the 21st Century. Springer, Dordrecht, Países Baixos, pp. 517-537.
McKenzie K. 1989. Potted Lilies made easy: the new, naturally short Asiatic lily varieties. GrowerTalks, 52: 48-58.
Miller W.B.M. e Langhans R.W. 1990. A baixa temperatura altera o metabolismo dos hidratos de carbono nos bolbos de lírio-da-páscoa. HortScience 25: 463-465.
Nitsch J.P. 1997. Perenização através de sementes e outras estruturas: Fruit development.In: F.C. Stewart (Editor), Plant Physiology, Academic Press, New York, pp. 413-501.
Ohyama T., Ikarashi T., e Baba A. 1988. Effect of cold storage treatment for forcing bulbs on the C and N metabolism of tulip palnts. Soil Sci Pant Nutr. 34: 519-533.
Rodrigues-Pereira A.S. 1964. Factores de crescimento endógenos e formação de flores em bolbos de Wedgewood Iris. Ata.Bot. Neerl. 13: 302-321.
Roh S.M. 1990a. Efeito da alta temperatura na explosão de botões no lírio hubrid asiático. Ata Horticulturae 266:142-146.
Roh S.M. e Wilkins H.F. 1973. Influência da temperatura no desenvolvimento dos botões florais desde a fase de botão visível até à antese de Lilium longiflorum Thund, cv. "Ace". HortScience 8: 129-130.
Stuart N.W. 1946. Efeitos da temperatura e da duração do armazenamento nos lírios.

Flourist's review, 98: 35-37.
Tsukamoto Y. 1971. Alterações nas substâncias de crescimento endógeno do lírio-da-páscoa afectadas pelo arrefecimento. Primeiro Int. Symp. Bolbos de Flores. Ata Hortic, 23, I: 75-81.
Van Tuyl J.M., Van Dijken H.S., Chi H.S., e Lim K.B. 2000. Avanço na hibridação interespecífica do lírio. Ata Hortic 508: 83-88.
Van Tuyl J.M., Arens P., Ramanna M.S., Shahin A., Khan N., Xie S., Marasek-Ciolakowska A., Lim K.B. e Barba-Gonzalez R. 2011. *Lilium*. Parentes de culturas selvagens: Genomic and Breeding Resources, Plantation and Ornamental Crops. Springer-Verlag Berlin Heidelberg. pp. 161-183.
Vegis A. 1964. Dormência em plantas superiores. Ann. Rev. Plant Phys. 15: 185-224.
Wang S.Y. e Roberts A.N. 1970. Fisiologia da dormência em *Lilium longiflorum* "Ace" Thunb. J. Am.Soc.Hortic.Sci. 95: 554-558.
Wareing P.F. e Phillips I.D.J. 1970. The Control of Growth and Differentiation in Plants. Perganon Press, Oxford, Nova Iorque, pp.303.
Wilkins H.F. 1980. Lírios da Páscoa. In: R.A. Larson (Editor), Introduction to Floriculture, Academic Press, New York, pp. 329-350.

Quebra da dormência do bolbo e fisiologia da floração do lírio Hanson "*Lilium hansonii*

Juniel Galido Lucidos

Departamento de Horticultura

Escola de Pós-Graduação, Universidade Nacional de Kyungpook, Daegu, Coreia

(supervisionado por: Professor Ki-Byung Lim)

(Resumo)

O género *Lilium* é uma das plantas mais importantes na indústria da floricultura. Tem sete secções: Archelirion, Leucolirion, Oxypetalum, Pseudolirium, Lilium, Sinomartagon e Martagon. Cerca de 12 espécies estão distribuídas na Coreia. Uma destas espécies nativas é o *Lilium hansonii*, que é considerado a espécie mais primitiva do género *Lilium*. Na Coreia, o lírio de Hanson *'L. hansonii'* está normalmente localizado e distribuído na diversificada ilha de Ulleung. Neste estudo, foram considerados dois conceitos na análise dos aspectos fisiológicos e morfológicos desta espécie, um é a quebra da dormência dos bolbos e o outro é a fisiologia da floração, ambos em resposta à temperatura. A temperatura é um dos factores importantes que afectam a quebra da dormência dos bolbos e a fisiologia da floração em *L. hansonii*. Estes dois conceitos foram estudados a fim de identificar os requisitos óptimos de temperatura a partir da quebra da dormência dos bolbos até à floração de *L. hansonii*.

Tese apresentada ao Conselho da Escola de Pós-Graduação da Universidade Nacional de Kyungpook em cumprimento parcial dos requisitos para a obtenção do grau de Mestre em Ciências Agrícolas em junho de 2013.

Para quebrar a dormência dos bolbos, os bolbos de tamanho uniforme foram expostos a 1°C, 4°C e 7°C durante 35, 50 e 65 dias, a fim de determinar a condição óptima para quebrar a dormência dos bolbos. Foram medidos diferentes parâmetros, como dias para a emergência, percentagem de emergência, altura da planta, número de folhas, número de botões florais formados e dias para a floração.

Com base nos resultados, o pré-tratamento com água quente (1 hora a 45C) e depois armazenado a 4C durante 65 dias promove a emergência mais precoce de rebentos em comparação com o tratamento sem água quente e o controlo

Em termos de percentagem de emergência, a água ainda quente com 4° C durante 65 dias teve uma percentagem de emergência mais elevada, mas a diferença em relação ao tratamento sem água quente não foi significativa. Em termos de altura da planta, 4° C por 65 dias (sem água quente) teve maior altura média da planta em comparação com 4°C por 65 dias (com água quente). Isto mostrou que o tratamento com água quente abranda o alongamento do caule em *L. hansonii*. Em termos de número de folhas, quase o mesmo número de folhas foi desenvolvido independentemente de ter sido tratado com água quente ou não. No caso do número de botões florais formados e dias para a floração, o tratamento com água quente mais 4V durante 65 dias não teve efeito prejudicial na formação de botões florais, mas atrasou a floração em comparação com o tratamento sem água quente. Também se observou que, embora a água quente atrase a floração, sincronizou o tempo de floração dos bolbos expostos à água quente, independentemente da duração do tratamento a frio, em comparação com os bolbos sem água quente, que tiveram uma floração desuniforme.

Para compreender melhor o efeito da temperatura na fisiologia da floração de *Lilium hansonii*, os bolbos de tamanho uniforme foram expostos a diferentes temperaturas diurnas e nocturnas: 15/15, 15/20, 15/25, 20/15, 20/20, 20/25, 25/15, 25/20 e 25/25. As plantas foram expostas a diferentes temperaturas diurnas e nocturnas durante 30 dias e depois transferidas para condições de estufa (25/20). O efeito das diferentes temperaturas diurnas e nocturnas foi observado 15 dias após a plantação, tendo sido recolhidas amostras de cada tratamento, dissecadas e observadas ao microscópio eletrónico de varrimento. Também foram observados os efeitos na altura da planta, número de folhas, diâmetro do caule, botões florais formados, aborto de botões florais e dias para a floração. Com base nos resultados, uma temperatura média diária mais elevada (25V) e uma temperatura diurna elevada promovem a iniciação precoce da floração, um maior alongamento do caule, mas um menor número de folhas formadas, um caule mais fino e mais fraco, poucos botões florais formados e desencadeiam o aborto ou a explosão dos botões florais. Por outro lado, a exposição a uma temperatura mais baixa (15V) 30 dias após a plantação tem uma iniciação floral mais tardia, pelo que o desenvolvimento das flores também foi mais lento. O alongamento do caule também foi mais lento, mas com maior número de folhas formadas, maior diâmetro do caule, maior número de botões florais de boa qualidade e menor aborto de botões florais. Também se observou que, considerando que as plantas estavam em boas condições e maximizando o seu potencial para produzir um maior número de botões florais, a formação de botões florais é em forma de cruz (CC) a diamante. O *Lilium hansonii* foi também o segundo em termos de tempo de início da floração, sendo o primeiro o híbrido asiático seguido pelo *L. hansonii* da secção Martagon, depois o híbrido oriental e o último o grupo *Lilium longiflorum*. Em termos de dias para a floração, esta foi principalmente afetada pela temperatura média diária (TMA). Uma ADT mais elevada promoveu a floração precoce e aumentou a taxa de desdobramento das folhas (LUR) em *L. hansonii.*

Em conclusão, o requisito de temperatura durante o armazenamento para quebrar a dormência dos bolbos foi o pré-tratamento com água quente e depois armazenado a 4C durante 65 dias e, para desenvolver boa qualidade e quantidade de botões florais, as plantas devem ser expostas a 15C- 20C durante 30 dias para um desenvolvimento adequado dos botões florais e depois gradualmente expostas a condições de estufa (25/20) para um maior alongamento do caule e floração de *Lilium hansonii*.

Quebra de dormência do bolbo e fisiologia da floração de Lírio Hanson "*Lilium hansonii*

섬말나리의 휴면타파와 개화생리

Juniel Galido Lucidos
주니엘 가리도 루씨도스

경북대학교 대학원 원예학과 화훼원예학전공
(지도교수 임기병)

(초록)

백합은 화훼산업에 있어서 중요한 작목으로 7개의 section(Archelirion, Leucolirion, Oxypetalum, Pseudolirium, Lilium, Sinomartagon, Martagon)으로 구분된다. 우리나라에는 12종의 나리가 자생하는 것으로 알려져 있다. 이 중 섬말나리는 백합속에서 가장 원시적인 나리로 평가되며 울릉도가 유일한 자생지로 알려져 있다. 본 연구에서는 온도처리에 따른 섬말나리의 휴면타파와 개화생리에 대한 생리학적, 형태학적 결과를 얻고자 수행되었다. 온도는 섬말나리의 휴면타파와 개화생리에 있어서 가장 중요한 요소 중 하나이다. 본 연구는 섬말나리의 휴면타파로부터 개화기까지 최적의 온도 조건을 알아보고자 수행되었다.

섬말나리의 휴면타파를 위한 최적조건을 알아보고자 1℃, 4℃, 7℃에서 각각 35, 50, 65일씩 처리하였다. 처리 후, 출뇌일, 출뇌율, 식물의 크기, 잎의 수, 형성된 화아의 수, 개화소요일수 등을 측정하였다.

45℃에서 1시간 동안 온탕처리 후 4℃에서 65일간 저온처리한 처리구에서는 온탕처리를 하지 않은 대조구보다 더 빨리 출뇌하였다. 출뇌율의 경우 온탕처리에서 높은 발아율을 보였으나 대조구와의 유의성은 보이지 않았다. 식물의 크기의 경우, 온탕처리

없이 4℃ 에서 65일 처리한 경우 보다 온탕처리 후 4℃ 에서 65일 처리를 한 경우 초장이 더 컸다. 온탕처리는 섬말나리 줄기 생장을 다소 더디게 하는 것으로 보인다. 엽수의 경우, 처리구와 대조구 모두 비슷한 결과를 나타내었다. 형성된 화아수 및 개화소요일수의 경우, 온탕처리 후 4℃ 에서 65일 처리한 경우 대조구와 비교하여 화아의 형성에는 영향을 미치지 않았으나 개화기는 지연되었다. 온탕처리는 개화기를 지연시켰지만 이후 저온처리 기간과는 상관없이 동시에 개화하였으나 온탕처리를 하지 않은 대조구는 불균일하게 개화되었다.

온도가 섬말나리의 개화생리에 미치는 영향을 알아보고자 동일한 크기의 개화가능구를 이용하여 주야간 온도(DT/NT)를 15/15, 15/20, 15/25, 20/15, 20/20, 20/25, 25/15, 25/20, 25/25로 30일간 처리 후 온실에 정식하였다. 주야간 온도의 처리에 따른 반응을 살펴보고자 정식 후 15일 후 화뇌를 채취하여 scanning electron microscope를 이용하여 관찰하였다. 식물의 크기, 잎의 개수, 줄기의 직경, 화아의 형성, 화아의 퇴화율, 개화소요일 수 등을 조사하였다. 연구 결과, 높은 주야 평균온도(25℃) 와 높은 주간 온도가 처리되었을 때 가장 빨리 화아의 형성이 개시되었으나 줄기의 생장이 지연되고 적은 수의 잎이 형성되고, 줄기가 가늘고 약했으며 화아의 형성이 줄었으며 화아의 퇴화증가되었다. 이와는 반대로 15℃에서 30일간 처리한 후 정식하였을 경우, 화아의 형성이 늦었으며 꽃의 발달과 줄기의 생장도 지연되었다. 그러나 많은 수의 잎이 형성되었으며 줄기의 직경이 굵었고 화아도 잘 형성되었으며 화아의 퇴화도 최소화되었다. 섬말나리는 최적의 조건에서 처리되었을 때 화아의 수가 최대로 형성되었으며 소화분화의 순서는 criss-cross (CC) pattern을 보였다. 화아분화 개시에 있어서는 대조품종인 Asiatic hybrid가 가장 빨랐으며 Martagon section에 속하는 *Lilium hansonii*, Oriental hybrid, *Lilium longiflorum* group의 순으로 이루어졌다. 개화소요일수의 경우는 주야간 일평균온도에 영향을 많이 받으며 높은 일평균온도는 개화를 촉진시키며 엽전개속도가 촉진되었다.

종합적으로 요약하면, 효과적인 휴면타파를 위해서 구 저장기간 동안 온탕처리 후, 4℃에서 65일간 저장하였을 때 화아의 형성에 가장 좋은 결과를 얻었다. 저온처리 이후, 15℃- 20℃에서 30일간 처리 후 온실에 정식하였을 때 화수가 점차적으로 증가하였으며 줄기와 화아의 발달에 긍정적인 영향을 끼쳤다.

Printed by Books on Demand GmbH, Norderstedt / Germany